生物轉大人的種種不可思議

每一種生命的成長都有理由，
都值得我們學習

推薦序

閱讀這本書的時光，會是改變想法的魔幻時刻

陳俊堯

我很喜歡稻垣榮洋教授的書，也常把他的書推薦給朋友們。

稻垣榮洋教授在日本靜岡大學任教，很多本他的著作在台灣都已翻譯上市。你可能會擔心大學教授寫的書會知識超載，搞不好讀起來讓人頭頂冒煙。但其實他的書一直是滿受歡迎的暢銷書，內容讀起來輕鬆有趣，不需要背景知識就能懂，是下午找間咖啡館坐著、翻翻就能讀完的輕量書。閱讀的時候你可以感受到資深生物學家的知識底蘊；你跟著書聽著教授閒聊，看著各地的動物植物配合指揮，輪流帶著自己有趣的故事上舞台，這頁是蝌蚪，下一頁換企鵝，很熱鬧。

這本書聊的主題是成長。小孩會慢慢長成大人，但小孩跟大人很不一樣，不是像用放大燈變大了而已。生物常常在幼體和成體這兩個時期有明顯不同。但是為什麼幼體不只是縮小版的成體呢？在這個成長過程裡，人類發生了什麼改變？其他生物成長時又有什麼改變？這個星球上的這麼多種生物，在幼體和成體上用了什麼不同的設計，要分配多長時間讓幼體成長，才能保障這個物種在地球上的生存呢？

如果今天這本書直接告訴你，甲生物是因為某某理由而讓幼體時期很長，這種寫法一定會給你教科書那種無聊感。但是如果換個方法，帶你回到知識產生的現場，讓你看到甲生物、乙生物、丙生物怎麼過日子，你的大腦就會自動開始比較他們，然後就會發現差異，接著給出一個合理化這種現象的說法。而本書走的就是這個路線，會帶大家去看不同生物的成長，讓讀者自己去比較、去思考生物在成長時到底做了什麼事，又為什麼要用這種方式做。

傳統教室裡只教結論，你記得這些知識就好。但科學家不是這樣看世界的。在大家都認為事情就是這樣的時候，科學家總能靜心觀察，然後提出觀察到的新證據，說服你事情應該不是這樣，有不同的解讀。

稻垣榮洋教授的書裡一直有金句可以撿，常常會出現打破我過去想法的驚喜時刻。說是打破，並不是「啊，居然是這樣的呀！我以前都搞錯了」的衝擊，而是他提供資訊先讓你知道「原來有這種現象」，然後再給說法，讓你發現「原來這樣解釋比較合理」。閱讀這本書的時光，會是改變想法的魔幻時刻。你覺得生物的成長是怎麼回事呢？帶著你的想法進來挑戰看看吧！

雖然這本書都在談生物，稻垣榮洋教授總會在聊了一陣子之後，提醒你人也是一種生物，帶你回來看看生活。其他生物是用哪種方式活著的呢？你為什麼要緊緊抓著過去的觀念，執意要那麼辛苦地過日子呢？年輕朋友讀這本書時，應該會被書中生物千奇百怪的生存策略吸引。不再年輕的朋友，應該讀著讀著就會想到自己的生活，或許會就此放下堅持減少擔憂，重新檢視自己這麼努力打拚的目的。這個差異，不就正是書裡要談的成長與成熟？

這是本學者寫的生物科普書。但與其說這是一本生物科普書，不如說這是一位生物學家在鑽研多年，逐漸理解生命在天地運行的機制，用那個視角觀察到的世界與人生。其實有點像聽得道高僧開示的感覺呢！

本文作者為慈濟大學醫學生物暨工程學系助理教授／科普作家

凝視自己的「成長力量」、傾聽自己「想成長」的心聲——
假如你有發自內心的「好奇心」、「挑戰心」與「上進心」，
這些就是現在的成長階段可以發揮的力量。

第3章

什麼叫「正常」？

第4章

成長的計算方式

第5章

成長的力量從何而來？

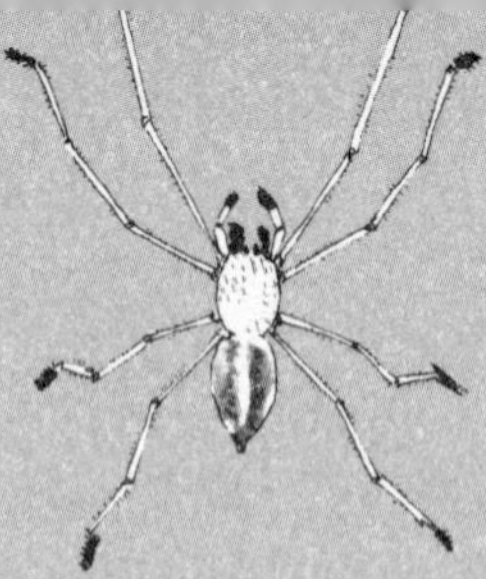

為什麼昆蟲需要經歷幼蟲期？
被踩踏的雜草要怎麼挺直腰桿？
魚類為何大量產卵？
咬自己小孩的狐狸很殘忍？
蜻蜓怎麼會在防水布上產卵？

關於生物的種種不可思議——
有的產卵，有的生下幼崽。
有的育幼，有的生而不養。

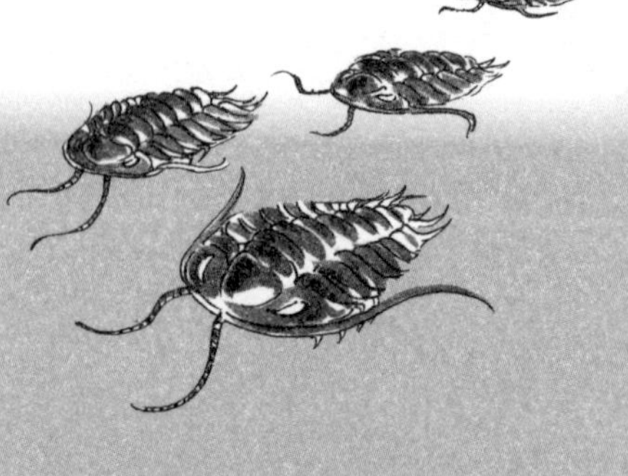

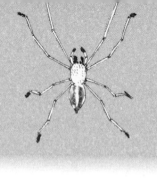

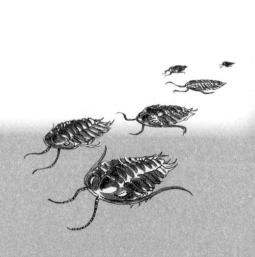

有的越長越大，有的完全變態。
有的仰賴本能，有的發展智能。
有的幼年期長，有的幼年期短。

生物成長的方式非常多樣——

每一種都有自己的理由。
每一種都值得我們學習。

越理解生物，就越理解人類。

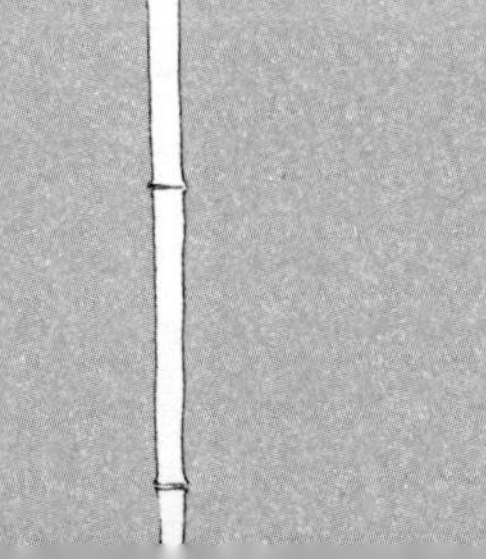

第1章

大人和小孩哪裡不一樣？

大人都長得比小孩高大嗎？

成長的過程
總是有得也有失。

◆小孩比較「小」？

大人和小孩之間的差異是什麼？

遊樂園的售票口都可以看到以身高區分「大人」與「小孩」的票價。大人的特徵是個頭高大，而小孩則是體型小。

但是個頭真的是主要差異嗎？

如果單純差在身材尺寸，那麼大人就只是「高大的小孩」，小孩只是「矮小的大人」。

小孩在成長過程中確實會漸漸長高長大，成長就是變高大的意思。

所以小孩矮小，大人高大。

不不不，等一下。

小孩真的就矮小，大人真的就高大嗎？

大人和小孩的差異真的只在於個頭大小嗎？

◆高大的小孩與矮小的大人

個頭高於父母的小孩還真不少。我們家就有一個例子。我家兒子在國高中時期就長得比我這個成年人還高大了。

我們來看看生物的世界是什麼樣的情況。

下面這兩隻國王企鵝，誰是親代、誰是子代？

左邊那隻覆著咖啡色毛髮、圓滾滾的體型看起來是親鳥；右邊身材苗條的那隻貌似稚子。但其實正好相反，

國王企鵝

胖嘟嘟的那隻才是小企鵝。右邊那隻長得確實就像企鵝，而圓胖那隻雖然身型比較魁梧，卻是雛鳥。

發育中的國王企鵝幼體比成體更大塊頭。

企鵝生活在南極，需要度過嚴峻的冬天。對於企鵝雛鳥來說，必須儲存脂肪才能熬過寒冬與飢餓。企鵝成體當然也得儲存脂肪，只不過發育中的幼體需要更多養分，因此才會長得比成體更大隻，體型圓乎乎的。

不過這就奇怪了。

既然都長得比成體大隻了，何不生而為大人，不要當小孩了呢？

事情沒有這麼簡單。可想而知，小孩與大人之間應該不單純只有體型大小之別。即便企鵝的雛鳥長得如此高大，依然不算是成體。

◆越長越縮水

有一種蛙類叫做「奇異多指節蟾」。

奇異多指節蟾的蝌蚪大概有二十五公分長。

這些蝌蚪長大之後卻會縮水到六公分左右，令人非常訝異，長大的牠們，體型竟然只有小時候的四分之一。

小時候很大隻，長大後身體反而縮水了，真的很「奇異」啊。

為什麼奇異多指節蟾的幼體比較大？

為什麼發育成長後身體卻縮水了？

很可惜我們目前並不清楚這種逆成長的原因。有一說認為，奇異多指節蟾的棲地靠近鹽分濃度高的海域，水中的蝌蚪需要更大的體型才耐得住高濃度的鹽分，但實際原因不明。

無論如何，奇異多指節蟾的蝌蚪大於成體想必有合理的解釋。

而顯然小孩轉大人也不是單純的個頭變大而已。

◆有得也有失

就算不談奇異多指節蟾這種極端的案例，蝌蚪感覺上也比青蛙豐潤，圓溜溜的蝌蚪長大後就變得苗條許多。

或許是因為蛙類的成體都手長腳長的，外觀反而看起來更加纖細。

蝌蚪變青蛙之後會長出手腳，

同時會失去了一些東西。

牠們失去的就是尾巴。

蝌蚪變青蛙的過程中，長出了後肢和前肢，不過在水中游泳需要的尾巴就會消失了。

成長並不是一味的加法。蝌蚪尾巴就是很好的例子，告訴我們有得有失才是成長之道。

牛膝加速了毛毛蟲的發育。

快快長大
比較好嗎？

◆幼蟲的任務

昆蟲幼蟲和成蟲的形態相差十萬八千里。

比方說，美麗的蝴蝶小時候是毛毛蟲；蜻蜓的幼蟲是在水中生活的「水蠆」；蟬的幼蟲則棲息在土壤裡。

昆蟲成蟲有一個很明顯的特徵，就是翅膀。牠們可以靠翅膀移動位置，擴大分布範圍。

相對來說，昆蟲的幼蟲沒有翅膀，毛毛蟲甚至無法快速奔跑。這些幼蟲的生命任務究竟是什麼？

牠們的任務就是成為成蟲。成長是牠們的存在意義。

既然如此，這些幼蟲的存在價值又是什麼？為什麼牠們不能以成蟲的形態誕生呢？

◆小獨角仙和大獨角仙

獨角仙很受小朋友的喜愛，而獨角仙的幼蟲也長得像毛毛蟲。

通常大家都喜歡大一點的獨角仙。

不過我們偶爾會發現一些體型小的獨角仙，不管餵牠們多少食物，牠們都不會長得更大。獨角仙變成成蟲以後，吃再多都長不大了。

為什麼獨角仙的體型有大有小？

獨角仙成蟲的塊頭大小，取決於幼蟲時期吃了多少食物。因此牠們小時候能吃就要盡量多吃，吃得多的幼蟲長得比較大，可以變成大獨角仙。度過健全的幼蟲期，才能長成頭好壯壯的成蟲。

幼蟲的存在意義就是長大。

想成為身強力壯的成蟲，就得擁有良好的幼蟲期。

我們人類的情況又是如何呢？

◆揠苗助長

毛毛蟲總是一口又一口不斷吃著植物的葉子，但是植物也不會坐以待斃。它們有很多策略可以防止自己被毛毛蟲等蟲類啃食，比方說許多植物的葉片會分泌有毒成分。

不過毛毛蟲也發展出一套解毒機制與植物相互抗衡。因此，儘管植物透過有毒的化學物質防身，毛毛蟲依然能安心地大口進食。

那麼植物還有什麼辦法？

其實它們有一個絕招。

有一種植物叫做「牛膝」，它們採用的防身策略讓毛毛蟲難以招架。

牛膝的葉片中含有一種加速毛毛蟲發育的成分，吃了牛膝葉的毛毛蟲會不斷脫皮，使得牠們在吃到足量的葉子前就長大成蝶。

如果吃到的是有毒成分，毛毛蟲會努力精進不同的抗毒對策，但既然吃牛膝葉依然可以健康長大，牠們當然沒有怨言，會乖乖羽化成蝶飛離牛膝叢。

牛膝就是用這一招，驅趕惱人的毛毛蟲。

快快長大，乍聽之下好像有利無弊。

但是毛毛蟲是幼蟲，而進食是幼蟲的任務，多吃多攝取養分才能蛻變成美麗的蝴蝶。沒有吃足量葉子就長大的早熟毛毛蟲，成蟲後的體型相對比較小。無法經歷完整的幼蟲期，長大後身型會比較嬌小，而且這樣的成蟲也沒有產卵的能力。所以牛膝用這個方式反制毛毛蟲。

「快快長大。」

揠苗助長是牛膝的恐怖攻擊。

我們人類會不會也在不知不覺間，對小孩揠苗助長了呢？如果早熟的「小大人」變多了，似乎莫名有點可怕。

長成健全大人的關鍵，在於先度過健全的孩提時代。

嬰兒的可愛
是從何而來？

寬闊的額頭傳遞出
「不可以攻擊他」的訊息。

◆無法分辨成體和幼體的生物

小孩與大人不一樣。

但是有些生物的幼體形態與成體型態相同。舉例來說，鱷魚的幼體與成體幾乎長得一模一樣，剛破蛋而出的鱷魚寶寶已經具有完整的鱷魚外形，出生後逐年長大，巨大的鱷魚可以長達好幾公尺。不過鱷魚的成長速度在不同環境和溫度下不盡相同，光從大小無法判斷年紀，只看外形也無法分辨是成體或幼體。

有些生物的成體和幼體的形態則相差甚遠，好比蝴蝶和蛙類；也有些生物的成體和幼體沒有太大區別，如同鱷魚。

這兩類生物的差別是什麼？

海葵就是幼體和成體相差很多的生物。

海葵幼體是一種很像水母的生物，叫做「浮浪幼蟲」。浮浪幼蟲在海中自由自在漂游，找到喜歡的岩石區時就會落腳，落腳後就不再移動，附著在岩石上長成海葵。

移動是海葵幼體的重要任務，長大後的海葵則是肩負產卵留下子代的使命。

蛙類和蝴蝶的成體與幼體形態也各不相同，不過任務分配上與海葵不同，負責移動的是成體不是幼體。

由此可見，如果一個生物的幼體與成體各有不同任務，彼此的形態就不會相同，而沒有區分任務的生物就具有相同形態。

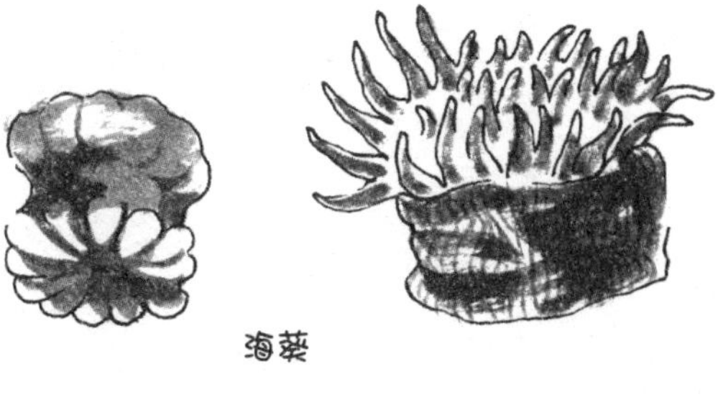

◆人類的大人與小孩

我們人類又是什麼情況呢？

人類不會因為長大而生出翅膀或尾巴消失。

人類的大人和小孩的外型非常相似，但並非完全相同的個體。舉例來說，嬰兒在我們眼中看起來就很可愛。

小孩子可愛的祕密在於他們的寬額頭。嬰兒的眼睛和鼻子集中在臉的下半部，額頭顯得很寬闊，寬額頭會使得整張臉看起來就惹人憐愛。

而且嬰兒頭大、四肢短，整體感覺圓滾滾的，帶有人類大人不具備的「可愛感」。假如出現了一個比成年人更巨大的嬰孩，所有人應該還是能夠辨識出他是個嬰兒。

人類不像鱷魚，我們不會分辨不出來誰是大人、誰是小孩。

人類的大人和小孩具有不同的外型。

除了人類，貓狗的寶寶也長得很可愛，即便是凶猛的獅子與灰狼，牠們的幼崽看起來還是很討喜。

哺乳類動物的一大特徵，就是「幼體很可愛」。

◆嬰兒為什麼可愛？

哺乳類動物的嬰兒擁有可愛的外型。

人類出生後先是嬰兒，嬰兒長大是兒童，童年時期的人類依然保有他們的可愛，但是在長大的過程中卻會漸漸失去這種特質。

蛙類的成體和幼體雖然具有不同形態，但是蝌蚪並不是很可愛；蝴蝶小時候是毛毛蟲，反而比較多人覺得毛毛蟲噁心，只有少數人認為牠們可愛。

既然如此，哺乳類動物的嬰兒為什麼會可愛？

原因就在於，嬰孩需要大人的保護。

哺乳類動物具有育幼行為，牠們的子代需要親代的養育。小孩的可愛外形是為了獲得大人的保護。烏龜以堅硬的龜殼防身，毛毛蟲透過毒毛保護自己，而哺乳類動物的嬰兒則是把「可愛」當護身符。

嬰兒的額頭很寬。

為什麼額頭寬看起來就比較討人喜歡呢？

因為大人的腦袋裡內建了寬額頭等於可愛的程式。

證據就是只要額頭寬，不管是不是嬰兒看起來都很萌。

不過額頭寬並不是為了可愛。

如果說紅燈是「停止」的信號，寬額頭就代表「不可以攻擊」與「要保護他」的信號。

對於哺乳類動物來說，大人要保護小孩，小孩要被大人保護。大人與小孩的外型相似卻又不盡相同，因為他們肩負不一樣的任務。

這樣說來，小孩的任務是什麼呢？

小孩的任務很明確，就是「長大」。一個人要有健全的童年，才能成為健全的大人。

這就是小孩的任務。
不過近年來人類的大人和小孩越來越難區別了。
總覺得不像小孩的小大人一直在增加，長不大的巨嬰也很多。

蜘蛛為什麼有育幼行為？

萬萬沒想到，
蜘蛛寶寶竟然群起
撲到媽媽身上。

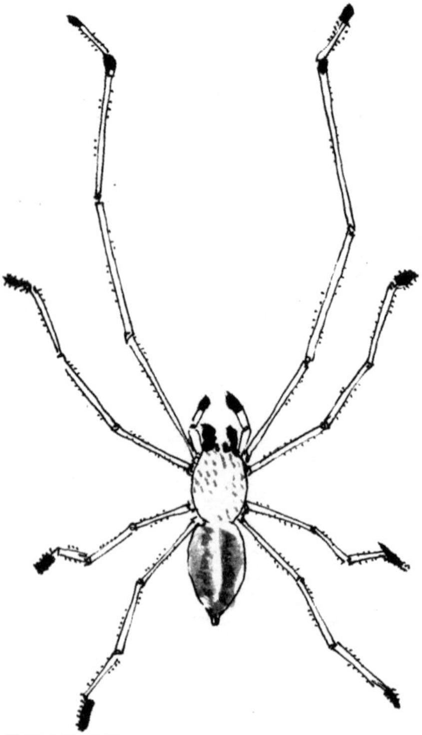

◆育幼的昆蟲有什麼特徵

具有育幼行為的生物並不多。

幾乎所有生物都不育幼。

比方說，蝴蝶和蜻蜓這類昆蟲大多只生不養，從卵中孵化出來的小幼蟲沒有任何保護，只能憑一己之力活下去。

有育幼行為的魚類也是少數例外，大部分的魚種都不育幼，魚卵被產下之後就只能各憑本事了。

人類就不一樣了，人類可是含辛茹苦在養兒育女。

相較之下，自然界的生物個個都是冷血的父母。

不過某些昆蟲和魚類是具有育幼行為的特例。

舉例來說，很多人都知道蠍子是有育幼行為的昆蟲。具有毒針的蠍子雖然被認為是很可怕的蟲類，但其實牠們相當寵小孩。

八隻腳的蜘蛛並沒有被歸類為昆蟲，不過某些種類的蜘蛛也會育幼。蠍子和蜘蛛都是人類避之唯恐不及的生物，想不到牠們其實都很疼愛小孩，都有育幼行為。

大多數的昆蟲只生不養是有原因的。昆蟲相當弱勢，很多生物都以牠們為食，不管昆蟲親代再怎麼想護卵護幼，牠們還是可能會一併被吃掉，根本保護不了子代。

相對來說，蠍子可以用強力的毒針擊退敵人，而蜘蛛能夠掠食其他昆蟲，是昆蟲世界中的強者，因此牠們可以護卵、育幼。

育幼與護子是強勢物種專屬的特權，有能力保護子代的親代才有資格養育下一代。

◆昆蟲的育幼行為

對於小型昆蟲來說，養育子代是一件苦差事。

我們生活周遭常見的一種蟲叫蠼螋，很多人知道蠼螋會護卵育幼。

蠼螋的尾巴末端是一把大剪刀，可以用來當作抵禦外敵的防身武器。牠們的親代有能力保護子代，因此在昆蟲界中是罕見具有育幼行為的例子。

蠼螋媽媽會在石頭下產卵，在卵孵化前都以身體伏在上方護卵。

如果你翻開石頭就會看到蠼螋媽媽高舉剪刀，死命驅趕敵人。蠼螋媽媽在卵孵化前寸步不離，至少有一個月到兩個月的時間都在護卵。護卵期間牠們也沒空進食，不吃不喝一心守著這些卵。

最終，卵中的小小幼蟲孵化出來了。

但是母親的工作還沒有告一段落。

蠼螋是肉食性生物，以小昆蟲為食。剛孵化的小幼蟲還無法捕捉獵物，因此母親選擇犧牲自己，成為孩子的第一餐。這些子代剛出生就開始吃起母親的身體。

如果你在此時翻開石頭，會看到被子代分食的蠼螋媽媽依然用盡剩餘的力氣高舉剪刀。

以上介紹的就是蠼螋媽媽以及牠們的育幼行為。

分食完母親的身體，眼下沒有食物可以吃了，子代們就會各自離去，展開自己的旅程。

◆蜘蛛媽媽

蜘蛛雖然常常被嫌棄和討厭，但是某些蜘蛛也有育幼行為。以昆蟲為食的蜘蛛天敵較少，所以牠們有能力育幼。

日常生活中比較常見的橫帶人面蜘蛛就是一個例子。蜘蛛媽媽會在樹幹或其他地方產卵，然後以身體護卵。

狼蛛也是一個例子。

狼蛛不靠結網捕食，而是在地面上徘徊獵捕目標。我們其實常常可以見到狼蛛，狼蛛媽媽會在腹部尾端掛上裝著卵的卵囊走來走去。卵中的子代孵化以後，全都會爬上媽媽的背部跟著移動，日本人就依據牠們背著小孩走的模樣，將之命名為「育幼蛛」。

出沒在草叢間的斜紋貓蛛和日本姬蛛則是在蜘蛛網上保護卵囊，孵化出來的小蜘蛛會與母親共同生活一段時間。

在具有育幼行為的蜘蛛中，日本紅螯蛛的育幼方式特別壯烈。

日本並沒有很多毒蜘蛛，而日本紅螯蛛被認為是其中毒性最強的。毒蜘蛛聽起來雖然很可怕，不過有毒也代表足以抵禦外敵、保護自己。

日本紅螯蛛會將芒草圍成一圈巢穴，並在巢外巡邏，捕捉昆蟲獵物。

日本紅螯蛛媽媽搭建好育幼用的巢穴後會在裡面產卵，然後持續守在巢中護卵。此時的母蜘蛛警戒心很重、攻擊性也很強，需要特別注意。

讓人萬萬沒想到的是，蜘蛛寶寶們出生之後，竟然會群起撲向媽媽吸食牠的體液，牠們不是在喝奶，而是在吸取母親的體液。慈祥的蜘蛛媽媽就待在原地坐以待斃，任由蜘蛛寶寶為所欲為。日本紅螯蛛的育幼行為就是這麼壯烈。

日本紅螯蛛寶寶新生命開始的第一天，就是母親迎向生命終點的那一天，不過蜘蛛媽媽也算是得償所願了。

◆「育幼行為」的演化

蠼螋和蜘蛛都賭上性命守護子代。

或許有人會認為這麼做只是牠們的本能，實際上確實也是如此。牠們的行為並沒有摻雜「犧牲自己奉獻小孩」這類的大愛，牠們只是因為「天性使然，不得不為」。或許牠們也沒有「不得不為」的意識，僅僅是照著本能行動。

動物可以分為有脊椎的脊椎動物，以及沒有脊椎的無脊椎動物。有沒有脊椎有這麼重要嗎？

這樣的質疑確實有道理，不過在分類學上將動物概分為這兩個種類比較方便。前面介紹的蜘蛛或是章魚都被歸類為無脊椎動物，無脊椎動物往往只會依照本能行動。

而魚類、兩棲類、爬行類、鳥類和哺乳類都是屬於脊椎動物。脊椎動物除了本能之外，還發展出了智能。而哺乳類動物和人類更是將智能運用到極致的生物。

既然如此，脊椎動物又有什麼樣的育幼行為呢？

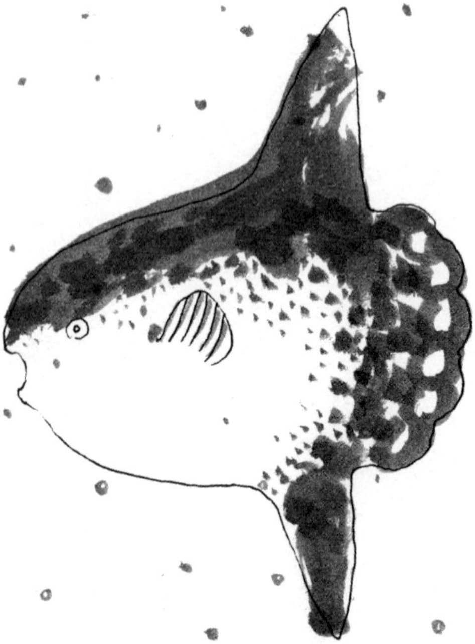

翻車魚一次會產下上億顆卵，
其中只有兩個個體
能夠存活下來。

翻車魚產卵
以量取勝的原因？

◆魚類也有育幼行為嗎？

就脊椎動物而言，有育幼行為的生物也屬少數。許多生物都是只生不養，不會照顧子代。

魚類是最早出現的脊椎動物，除去部分特殊的例子，多數的魚類完全不照顧子代，牠們只是產下大量的卵。

然而，只生不養代表魚卵要安全長大很困難。這些魚卵的存活率極低，因此必須以量取勝。

翻車魚是水族館的明星。據說一隻雌翻車魚一次的產卵量可以高達三億顆。這些卵全都順利長大的話，全世界的大海裡會充斥著翻車魚。但是實際上並未如此。

一對雄雌翻車魚所產下的卵，最後大概只有兩隻小翻車魚能夠存活。反過來說，翻車魚要產下高達三億顆卵，才能留下兩個個體，生存率是一億五千萬分之一。也就是說，翻車魚寶寶平安長大的機率，遠低於中樂透頭獎的機率一千萬分之一。

能夠順利成長的翻車魚，比中樂透的人更強運。

對於不照顧子代的生物來說，成長就是這麼殘酷的歷程。

在脊椎動物演化的過程中，魚類首先上岸，接著是蛙類、山椒魚等兩棲類誕生。不過幾乎沒有任何兩棲類動物有育幼行為，牠們同樣只生不養。

從兩棲類演化出來的爬行類呢？

成功進軍陸地的兩棲類動物無法離開水邊的棲地。接著更耐乾燥的爬行類出現了，牠們真正適應了陸地的環境。

兩棲類的產卵地點是水邊，小蝌蚪就在水中生活；爬行類則是直接在乾燥的陸地上下蛋，為了確保子代不會乾燥死亡，牠們產下硬殼的蛋，也會選擇在土壤裡這類地方下蛋，藉此提供保溫。

儘管爬行類動物下蛋時會採取保護措施，但是牠們幾乎沒有育幼行為。

◆最先出現「育幼行為」的脊椎動物

這樣說來，真正開始有育幼行為的脊椎動物是哪一種？

答案是「恐龍」。

恐龍的外形與蜥蜴或鱷魚這些爬行類動物很像，但恐龍並非爬行類，而是演化歷程比爬行類更高一階的生物。

舉例來說，爬行類是變溫動物，牠們的體溫會隨著外在環境而改變。而一般認為恐龍是恆溫動物，不管氣溫高低，牠們的體溫都維持在一定範圍。此外，恐龍會形成群體，依照季節「遷徙」，改變棲息地。嚴肅而論，比起爬行類，恐龍的特徵更接近現代的鳥類。

現代人普遍相信，恐龍與鳥類同樣具有育幼行為。

人們發現了一些相關的化石，有的是像鳥一樣在巢中孵蛋的恐龍，有的據推測可能是接受親代餵食的子代。

◆偉大的媽媽

那麼哺乳類動物和人類又是什麼情況呢？

與孵卵、育幼的恐龍和鳥類相比，哺乳類動物演化出的繁殖策略更不一樣，我們直接「生下子代」。

「哺乳類」指的是「有哺乳行為的生物」，這類動物不是用產卵下蛋的方式孕育下一代，胎兒會在母親腹中發育到一定程度才出生，出生後母親餵食「乳」這種高營養價值的食物給寶寶。這是哺乳類的重要特徵。

既然不是產卵，而是在母親肚子裡發育，嬰兒的存活率自然高得不得了，而且人類還準備了母乳這種特別的食物餵食。

請各位回想一下前面的內容。

在無脊椎動物當中，天敵少的蠍子和蜘蛛才有育幼行為，可見育幼是特權，只有強勢物種才有資格養育子代。

脊椎動物呢？

魚類和爬行類的繁衍方式通常是產卵下蛋，但是某些魚類和爬行類不產卵而是直接生下寶寶，和哺乳類相同。只不過魚類和爬行類是「卵生」動物，牠們沒有胎盤供寶寶發育，所以是卵在體內孵化後才產下幼體——這種生殖方式並非哺乳類動物的「胎生」，卻又與胎生極為相似，因此名為「卵胎生」。

鯊魚以卵胎生的方式產下幼體。而在爬行類中，日本蝮就是知名的卵胎生動物。

鯊魚和日本蝮都是天敵少的強勢物種。

放眼脊椎動物的演化史，第一個真正有育幼行為的恐龍也是稱霸地球的強勢生物，而一般認為由恐龍演化而來的鳥類同樣具有育幼行為。哺乳類的生殖方式又比恐龍和鳥類更進一步，演化出了細緻的育幼行為，除了在母體內保護胎兒，更會以母乳哺育子代。

◆哺乳類動物也很強勢嗎？

這樣說來，哺乳類算是強勢物種嗎？

如今哺乳類動物雖然取代恐龍稱霸地球，但是在恐龍興盛的時期，哺乳類還非常弱小。

弱小的哺乳類動物為了躲避恐龍的追擊，只能在黑夜裡行動。不過在躲躲藏藏的同時，聽覺、嗅覺等感覺器官進化，掌管感覺器官的大腦更加發達，並獲得了敏捷快速的運動能力。

就這樣，哺乳類動物在躲避天敵的過程中，發展出足以保護小孩的能力。為了保護小孩，牠們演化成為胎生而非卵生，且具有育幼行為的生物。於是到了現在，具有育幼行為的哺乳類動物成為地球上最興旺的物種。哺乳類動物的育幼行為不是因為強悍，而是因為弱小必須求生存。

除此之外，哺乳類動物還發展出了「智能」。其實就某種層面來說，「養育子代」的行為有助於哺乳類動物活用「智能」。

「智能」和「育幼」究竟有什麼關係？為什麼哺乳類動物需要靠「育幼」發展智能？

下一章我們再繼續探討。

第 2 章

「遊戲」與「學習」

螳螂寶寶
也愛玩遊戲嗎？

本能
最高度發達的生物
是昆蟲。

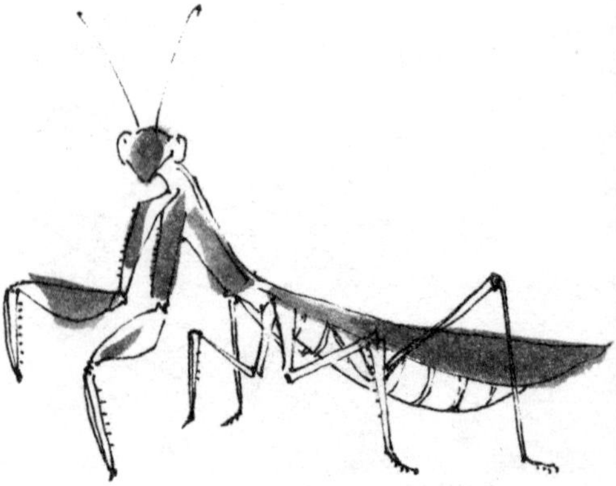

◆遊戲的意義是什麼？

哺乳類動物的小孩常常在玩耍。

小孩就是一種好奇心無比旺盛的生物，牠們對萬事萬物都感興趣，什麼都想要試試看，而且經常會模仿大人。牠們喜歡打打鬧鬧，兄弟姊妹之間也常吵架。

牠們一整天都在玩鬧中度過，對於必須煞費苦心覓食的動物成體來說，小孩還真的很有閒情逸致。

動物子代的這種行為有什麼意義呢？

其實不只是動物如此，人類的小孩也是同樣的情況。

他們會不厭其煩地朝河裡丟石頭，發現蝴蝶的屍體會忍不住一直盯著看或伸手去戳。他們走路時東張西望，時而捉弄旁邊的其他小孩，時而扮惡作劇。

孩子們一頭熱或感興趣的事物，對於大人而言都很不值得一提。那些事經常沒有任何價值，對於被迫陪孩子進行這些活動的大人們還會覺得麻煩。

然而，「遊戲」是哺乳類動物很重要的生存手段。

對哺乳類動物及其子代來說，「遊戲」等於是在「學習」生存的智慧。

◆昆蟲的內建程式

許多生物都具有本能與智能。比方說，未經學習的候鳥幾乎不會搞錯遷徙的時期與路線；沒有經過學習的鮭魚也能迴游至出生地，逆流而上產卵。這就是所謂的本能，動物可以遵循本能行動。

本能最高度發達的生物是昆蟲。昆蟲子代沒有經過親代的任何養育，依然可以存活下去。剛破卵而出的螳螂子代不需要任何學習，就知道怎麼揮舞鐮刀捕捉小蟲。

蜜蜂天生就懂得打造設計完善又實用的六角蜂巢，找到花蜜後也知道要怎麼告訴同伴花的位置。儘管沒有經過學習，工蜂還是知道要照顧女王蜂與幼蟲，也會維護蜂巢。

昆蟲的本能是一種精良的「內建程式」，不必經過學習就能夠採取生存需要的行動。

相對之下，我們哺乳類動物就麻煩多了。我們的新生兒是無法獨立生存的。雖說嬰兒不需要教導也勉強知道怎麼喝奶，但是他們天生做得到的就只有這些了。

若親代沒有傳授狩獵方法，肉食性動物的子代對狩獵就一竅不通。草食性動物也一樣，雖然親代遇到危險逃跑時子代知道要跟著跑，但是牠們並不知道危險是什麼。

哺乳類動物雖然也有天生做得到的事，可是並不像昆蟲的內建程式那麼完美。倘若沒有經過學習，我們什麼都不會。

為什麼蜻蜓不懂得學習？

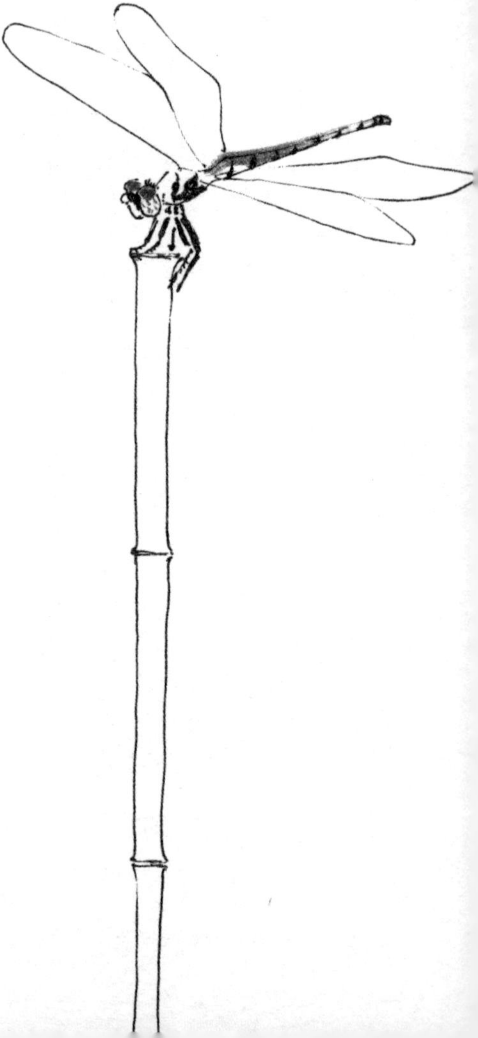

仰賴「智能」時，
只能透過自己找出解答。

◆昆蟲們犯的錯誤

昆蟲的本能高度發展。

不過本能並非完美無缺。

在快要乾涸的道路上，還是可以看到蜻蜓在淺水窪中產卵。生在這種地方的幼蟲，肯定還沒長大就會被曬乾了，但是蜻蜓媽媽卻若無其事在水窪中產卵。不僅如此，牠們甚至會在防水布上產卵，可能誤以為防水布是水面吧。

蜻蜓具有遠距捕捉獵物小蟲的視力，飛翔在上空照理說應該看得出來那裡是不是適合產卵的地方。不過牠們的內建程式恐怕是「在地面上亮晶晶會反射陽光的地方產卵」，所以才會遵循本能這麼做。在過去沒有柏油路和防水布的時代，這套內建程式是行得通的。

然而，這套程式在現在的都市裡已經不管用了。

儘管如此，蜻蜓還是遵循著過時的程式在錯誤的地方產卵。

又好比說，胡蜂類的昆蟲捕捉到其他蟲子，在把獵物帶回巢裡餵食幼蟲的半路上遺失了獵物，牠們卻是找也不找就直接飛回蜂巢。除此之外，以太陽的光照來判斷自己位置的昆蟲，也會在黑暗環境中撲向燈源。

牠們遵照本能程式機械性地行動，導致最後行差踏錯。

這就是本能的缺點。

在特定的環境中，個體遵循本能可以採取正確的行動，但是在內建程式預料之外的環境變化下，牠們往往就無法妥善應變了。

本能不夠用時，該怎麼辦？

◆智能並非完美無缺

昆蟲的本能發達。而發展出高度智能做為生存手段者，是我們人類和其他哺乳類動物。哺乳類動物可以運用大腦思考，無論面臨任何環境都能隨機應變採取行動。我們會處理訊息、分析現況、推敲應該採取什麼行動，這就是智能的厲害之處。

具有智能的哺乳類動物知道蜻蜓不應該在防水布上產卵，遺失食物的時候也會立刻回頭去尋找。

智能的優勢就在於此。

不過智能也並非十全十美。

在多數情況下，漫長的演化歷程所建立的那套「本能」，都是指引我們正確行動的準則，也是正確的答案。

然而，仰賴「智能」時就只能透過自己找出解答，自己動腦採取的行動未必是正確答案，想破腦袋後依然可能誤入歧途。

讓子代在安全的
環境中累積經驗，
是哺乳類親代的任務。

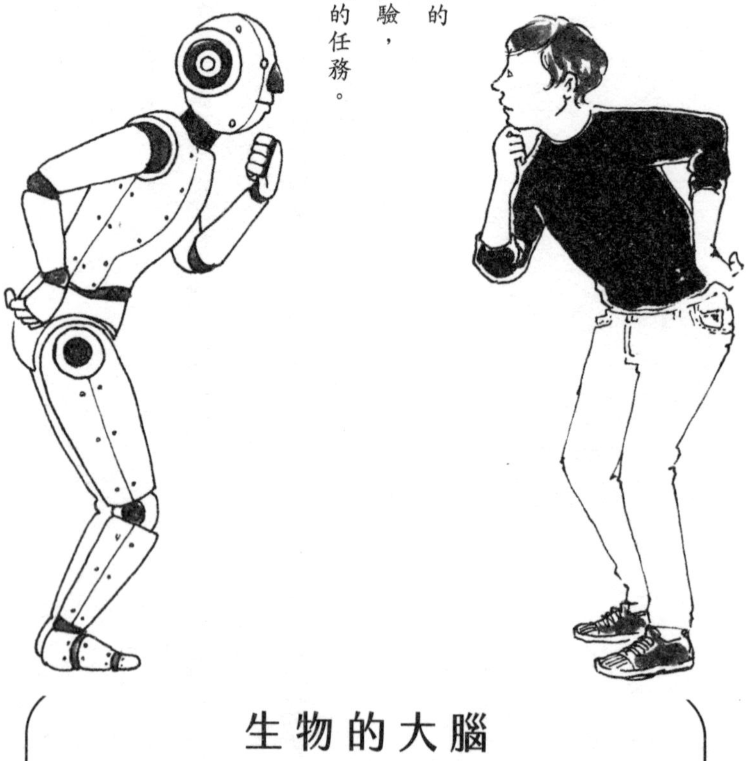

生物的大腦
比不上AI嗎？

◆AI的學習能力

仰賴智能時，要怎麼做才不會出錯呢？

我們在進行狀況分析時，需要一些參考資料。近來AI（人工智慧）科技日新月異，我們以前都認為電腦圍棋和將棋不可能戰勝人腦，不過現在就連在棋界，電腦都能輕鬆贏過人類了。

這些AI進行的是所謂「深度學習」。

舉例來說，想要精進圍棋和將棋的實力，需要累積大量的資料。

我們首先將圍棋和將棋的規則輸入電腦，接著把圍棋和將棋書中的各種棋譜與最佳棋路也輸進去。不過光是這樣電腦仍然無法勝過人腦。

接著要建立過去對弈局的龐大資料，讓電腦吸收大量資訊，學習「在什麼局面中怎樣走會獲勝」、「在什麼棋局中怎麼走贏不了」。

然而，單純只是重複「人類下指導棋」的步驟、不斷吸收人類的知識，電腦依然超越不了人類。

因此，要讓電腦自己不斷進行圍棋和將棋的對弈，學習贏棋的方法。總的來說，這個步驟就是「機器自己學習」，亦即「深度學習」。

電腦能夠以驚人的速度反覆進行多場對弈，並且累積大量的資料。如此一來，人腦就無法與電腦抗衡了。

人類就是透過這種方式，培養出勝過人腦的ＡＩ。

哺乳類動物的智能發展也是同樣的道理。

想要得到正確的答案，我們就需要龐大的資料，但是光靠外部灌輸的資料不夠，還得運用這些資料自行反覆嘗試，確認資料的可信度。

這就是所謂的「經驗」。

沒有被輸入任何資料的電腦只是一只空箱子，沒有任何經驗輔助的智能也無法正常運作。

我們都需要累積經驗。

◆AI做不到的事？

「框架問題」是一個從以前就經常被拿出來討論的AI難題。人們以機器人為例來說明這個問題。

假設洞穴裡放著一顆能讓機器人運轉的電池，電池上還有一顆定時炸彈。此時我們下指令，要機器人「進洞裡拿出電池」。

一號機器人拿出洞穴裡的電池，卻連炸彈也一起帶出來，因此炸彈爆炸。它完成了拿電池的指令，卻無法考慮指令以外的問題。

接著我們對二號機器人下指令，附加條件是「考量在拿出電池時會發生什麼事」。結果它站在電池前面動彈不得。要是取下炸彈，洞頂會不會塌落下來？要是靠近牆壁，會不會改變牆壁顏色？機器人天馬行空一直想下去，什麼事都做不了。

接著我們對三號機器人又附加一個條件，要它別考慮與「從箱子裡拿出電池」不相關的事。結果它連洞穴都進不去，因為與任務無關的事無限多，排除這些事也需要無限的時間。

如果是人類，我們隨便想都知道應該怎麼做，只要取下危險的炸彈，把電池拿出來就可以了。但是ＡＩ只會一個指令、一個動作，沒有想到可以「取下炸彈」。

不過「進洞裡拿出電池」的機器人案例，是ＡＩ研究初期階段被提出來的問題。如今的ＡＩ似乎已經可以取下炸彈並拿出電池了。

然而，遇到預料之外的情境，ＡＩ還是難以做出妥當的反應，所以這個基本問題並沒有得到解決。其實透過限縮條件與情境後，就能解決框架問題，但還是需要輸入海量的資料才足以做到。

而人類的「經驗」可以超越ＡＩ的資料量。

人類的強項在於能夠應付預料之外的問題。如果有人隨便說句「想不出來」就不知道該怎麼辦或當機了，那他與初期的ＡＩ沒有什麼兩樣。

◆經驗就是一連串的「成功」與「失敗」

經驗就是種種「成功」與「失敗」的結合。

圍棋和將棋的AI一直在累積「要怎麼贏」與「為什麼輸」的資料。

哺乳類動物也是如此。我們經歷一連串的成功與失敗之後，漸漸理解成敗的原因，這就是所謂的經驗。

不過對哺乳類動物而言，經驗的累積有一個前提，就是要建立在安全之上，否則我們很容易會失去生命。

「被獅子吃過一次」或「從高樓跳下來」這類經驗無法給予我們有意義的生存經驗，畢竟人死掉就到此為止了。

因此這些經驗需要在確定安全的環境中發生。

所以哺乳類動物的親代會保護子代，讓子代能在安全的環境下累積經驗。

沒有親代保護的昆蟲子代無法累積經驗；哺乳類動物有親代的保護，從而可以運用學到的經驗，發展出高度的智能。

哺乳類動物親代的任務不僅是保護子代，更要讓子代在安全的環境中累積各種經驗。

小小獵豹
玩耍之必要

就連最低限度的
生存技能，
都必須向母親學習。

◆對小孩來說，「遊戲」是什麼？

子代可以在親代的保護下進行什麼樣的體驗？

哺乳類動物的子代擁有一項工具，讓牠們可以在有限的環境下有效累積各種經驗。

這項工具就是「遊戲」。

哺乳類動物的小孩常常在玩耍，狐狸或獅子這類肉食性動物的子代不是在追捕小動物，就是兄弟姊妹之間彼此打鬧。

這些遊戲相當於「狩獵」、「打鬥」與「交配」的練習。牠們會在遊戲中經歷一連串的成功與失敗，學習如何狩獵、如何與同伴互動。

而且重點是，牠們可以在安全的環境中學習什麼是危險。

只要有親代的保護，孩子就能夠避開危險，即便搞砸了什麼事也不至於危及性命。一旦長大獨當一面之後，生活周遭處處是危機，所以牠們必須先在安全的環境中體驗過什麼是危險。

◆哺乳類動物的育幼行為

許多生物的生存本領都內建在本能程式裡。

在沒有任何幫助的情況下，剛剛破卵而出的魚類子代也能自己覓食，自立自強；在未經任何學習的情況下，蜘蛛仍舊可以結出美麗的網，蟬的成體還是知道怎麼大聲鳴叫。

但是哺乳類動物就不一樣了，即便是最低限度的生存技能，我們可能都要向親代學習。

這就是所謂「智能」的策略。

肉食性動物在童年時期要練習狩獵。獵豹能夠以一百公里的時速奔跑，是地表最快的獵食者。不過牠們的力量不及獅子，狩獵時更講究技巧，所以親代要悉心指導子代怎麼狩獵。

年幼的獵豹手足喜歡互相打鬧，遊戲對牠們來說就是一種學習。

母獵豹將可以當成獵物的草食性動物交給小獵豹時，牠們可能甚至都沒注意到那就是獵物，有時候還可以看到草食性動物的小孩與小獵豹玩在一起，真的是令人詫異。

不過小獵豹最終要能夠辨認誰是獵物，也必須學會追捕獵物的方法。肉食性動物不獵捕獵物就無以為生。儘管如此，這種最低限度的生存技能，都必須經由後天的學習才得以發展。

沒有經過學習的水獺似乎不會游泳

哺乳類動物選擇的策略
是「調整教學法」。

◆學習當父母

水獺能在水中動作敏捷地游泳抓魚，沒有超越魚類的泳技是辦不到的，可見水獺確實是游泳高手。但是牠們並不是天賦異稟，如果母親沒有教導，牠們也游不好。

水獺媽媽會把孩子拉進水裡，有時強行讓牠們下潛，有時叼著小水獺的脖子在水裡一起游，透過這樣的方式傳授泅泳技巧。

聽到孩子被強迫游泳，感覺好像有點可憐。可是不會游泳捕魚的水獺肯本活不下去，負責教學的母親也是用心良苦。

那麼水獺媽媽又是如何學會當「游泳老師」的呢？牠是天生就知道怎麼做的嗎？

恐怕不是的。

小水獺向母親學游泳，同時看著母親怎麼做，透過這種方式牠也能學習怎麼當一個好「老師」。等水獺長大生育之後，也會讓孩子學習自己學過的那一套。所以水獺親代是在童年時期就學習當老師的方法。

很多人知道動物園人工飼養的動物可能不懂得如何養育下一代，或者會選擇棄養。最近不少動物園開始重視繁殖動物、增加個體數，因此園方會盡可能將動物親代與子代一起飼養，或者由保育員從旁協助親代育幼。

哺乳類動物的親代也需要透過後天的練習，學習怎麼當父母。

◆本能與智能各有優劣

我們來複習一下前面的內容。

哺乳類動物就連「狩獵覓食」這種最低限度的生存技能，都必須透過後天學習，而牠們教育下一代的方式同樣要透過學習。

親代沒有經歷適當的學習，就無法養育下一代；子代沒有經過適當的學習，就無法生存下去。

這種生存策略未免太危險了吧？

哺乳類動物為何能夠用這種危險的策略存活至今？

其實這正是牠們發展出來的「智能」策略。

很多動物的本能中內建了生存需要的技術，只要遵循這套程式，在沒有幫助的情況下，剛出生的子代依然能夠活下去。本能系統相當便利。

不過本能也有缺點。

它應付不了環境的變化，即便物換星移，生物依然會根據「本能」程式在行動。而往往要經歷漫長的演化史，生物才能夠根據環境變化修正本能的程式，來不及修正的生物就有可能因為過時的程式而滅亡。

相對來說，智能則是擁有判斷情況的能力，儘管環境產生變化，生物還是可以運用智能調整行動。不過智能也有缺點。如果沒有後天學習、輸入大量的資料，空有智能也一事無成。

本能和智能各有優劣，哺乳類動物在演化的歷程中選擇了發展智能。

牠們其實也有本能。比如說，剛出生的嬰兒沒經過學習也知道怎麼吸奶；進入求偶季節後，雄性與雌性就會墜入愛河。在環境改變下沒有改變的固定行動，就內建於本能中。

那麼哺乳類動物的「生存策略」為什麼要仰賴智能呢？

◆生存策略必須與時俱進

獵豹的體型小於獅子，牠們的獵物是湯氏瞪羚或飛羚這種體型偏小的草食性動物。但是獵豹未必永遠能捕捉到湯氏瞪羚和飛羚，假如環境改變，難保這些獵物不會消失。此時獵豹或許得捕捕小老鼠，或者挑戰更大的獵物。因此狩獵這種「生存策略」，沒有內建在牠們的本能中。

水獺的情況又如何？

不同環境適合不同的游法。牠們棲息的河川可能流速快，可能水淺，不同地方適合獵捕的魚類不同，需要的泳技也不同。在哺乳類動物的演化歷程中，不變的部分交給本能處理，變化則是交給智能對付。

而育幼行為就必須要運用智能。

覺得小孩可愛、想保護小孩是本能，但是牠們的本能中沒有內建任何養育子代的方法，因為透過學習而來的「生存策略」會因時代與環境而異，甚至也會因子代而調整。

「智能」當然也有可能會導致錯誤判斷或者弄巧成拙，這是運用上必然的風險。

儘管如此，哺乳類動物選擇的策略依然是「調整教學法」。

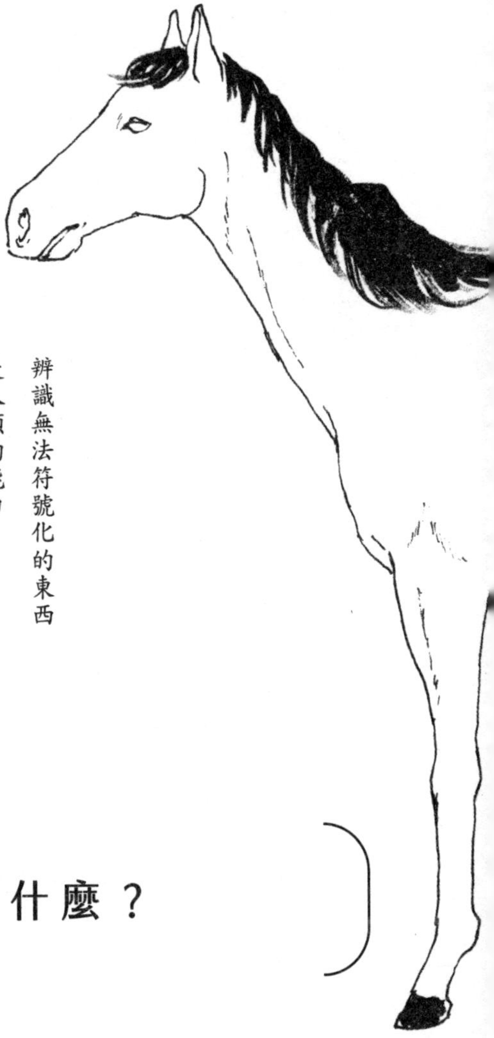

辨識無法符號化的東西是人類的能力。

這是什麼？

◆ＡＩ「學不會」什麼？

ＡＩ人工智慧的「深度學習」是透過獲取大量資訊以累積經驗，並且不斷進行自我學習。

ＡＩ能以人類無法達到的速度反覆進行圍棋或將棋的對弈，獲取人腦難以企及的資訊量。如今它的實力已經強到連圍棋或將棋的名人都難以匹敵。

不過目前一般認為，哺乳類動物的大腦還是能「學會」ＡＩ學不會的事。

這裡要談的是所謂的「符號奠基問題」（symbol grounding problem），這個問題一開始是以斑馬為例來說明。

我們先假設斑馬的定義是「有斑紋的馬」，即便你以前沒見過斑馬，只要有這樣的定義，在初次看到斑馬的時候也可以推測出「這應該是斑馬」。

不過對於ＡＩ來說，「有斑紋的馬」只不過是一串文字，一串符號的排列，因此還是必須以文字說明什麼是「馬」。

「馬」又是怎麼被定義的呢？

可以定義成「四足的有蹄動物」嗎？但是綿羊和長頸鹿也符合這個定義。

大致而言，無法以符號輸入的資料，ＡＩ就無法學習。

◆需要五感才能理解

不過斑馬的問題已經解決了。

現在有一種功能，叫做「圖像辨識」。

我們已經可以用圖像的形式輸入資料，深度學習大量馬的圖像與斑紋的圖像之後，ＡＩ也能理解馬和斑紋是什麼，進一步再從這些資料中理解斑馬是什麼。也就是說，ＡＩ獲得了辨識圖像的「眼睛」，斑馬問題就解決了。

近來網路驗證個人身分時，已經不是只有密碼這種符號的排列方式，現在不但有「你是人類嗎」的問題，也會出現「請從中選出包含馬的照片」的指令，要我們辨識圖像。若是深度學習過馬是什麼的ＡＩ，或許能夠解開這一題，但是一般的ＡＩ仍舊難以辨識這種無法符號化的圖像。

辨識無法符號化的東西，是人類的能力。

而符號化的工具就是「眼睛」，也就是五感。五感指的是眼睛的視覺、耳朵的聽覺、鼻子的嗅覺、舌頭的味覺、肌膚的觸覺，總共五種感官。

ＡＩ漸漸獲得了辨識圖像的「眼睛」。

然而，「符號奠基問題」仍然是ＡＩ的高牆，它依舊無法擁有人類五感。

機器檢測儀可以精準測量鹽分濃度與甜度，但是無法測量出「好吃」是什麼感覺；檢測儀可以精準檢測溫度與濕度，卻無法理解「有點冷」是什麼感覺。

人類的五感就是這麼出類拔萃。

◆透過體驗去認識世界

即便我們的視線被遮蔽，看不見馬兒的模樣，只要聽到馬叫聲，我們依然知道那是一匹馬。又或者我們遮著眼睛拿到馬、綿羊和長頸鹿形狀的玩具模型，只要用手去觸摸，就能選出哪一個是馬的模型。

這是人類的能力。

不過我們能夠這麼做，主要原因是我們很熟悉馬。

舉例來說，我們就算聽到熊貓的叫聲，也無法辨識出那是熊貓，因為我們不知道熊貓怎麼叫。遮著眼睛摸到怪誕蟲這種古生物的模型時，我們不會知道

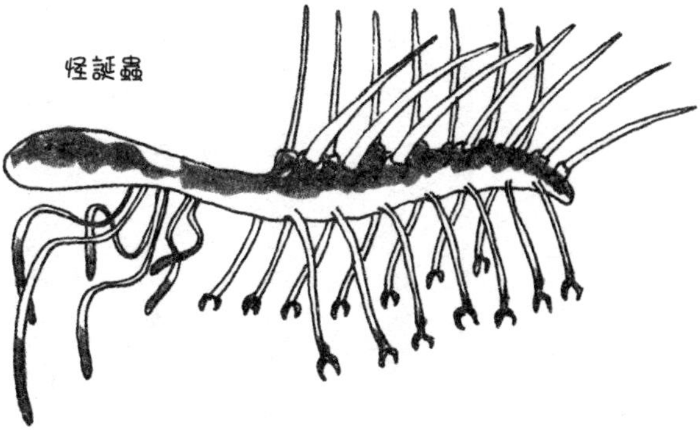

它是怪誕蟲，因為我們根本不認識牠。

順帶一提，我居住的靜岡縣有一個形容詞叫「mirui」，意思是柔軟的。但是 mirui 的柔軟不同於棉花或麵包那一種柔軟，植物新芽的軟嫩才會用 mirui 來形容。

mirui 有嫩芽「青嫩」的意思，但又不是活蹦亂跳的年輕感，而是一種不成熟的青澀，因此有時候會被用在有點瞧不起人的語境中。

所以 mirui 是「青澀菜鳥」的意思嗎？也不盡然，兩者其實還是有些微的差異，mirui 就是 mirui。

各位使用的方言或許也有官方語言解釋不清的意思。mirui 的意義無法以語言的符號解釋，想要理解這個詞，要先透過大量的經驗學習 mirui 的語意。

兩億年前沒有
國語和數學

我認為基本的知識
只能來自大自然。

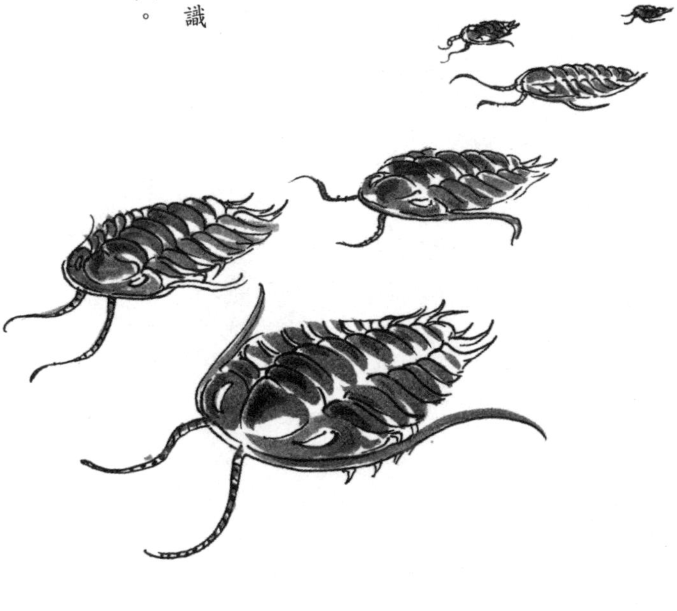

◆發展智能需要經驗

動物的「本能」是在自然界裡建立起來的。

舉例而言，前面提到了誤認防水布是水面而產卵的蜻蜓；由於過去並不存在防水布這種東西，所以蜻蜓根本不用擔心這個問題。

雛鳥一出生就會把第一眼見到的移動物體當作親鳥，即便牠看到的是靠電池驅動的玩具。但其實在沒有玩具的自然界，第一眼看到的移動物體肯定就是親鳥，沒有誤認的可能。

動物的「本能」程式是以自然環境為基礎，因此無法辨識新近的人造物。哺乳類動物的智能發達，能夠區別防水布和池塘，也知道玩具不是親鳥，還會辨識人類製造的防水布和玩具。

而「智能」這種機制，是透過經驗運作的。

我們都知道初次使用電腦和智慧型手機時，必須進行初始設定。

以動物的智能而言，「經驗」就是初始設定。但經驗指的又是什麼？

◆智能的初始設定

電腦原本只是一個機械盒，安裝作業系統後便開始初始設定，設置好網際網路或電子郵件的作業環境。接著安裝字典軟體或輸入法就可以輸入文字，安裝試算表軟體就可以做統計，安裝繪圖軟體就可以繪製插畫。

如此一來，電腦才能發揮它的功用。

智慧型手機一開始也只是一個載體，進行初始設定後才能使用電話或郵件功能，安裝 APP 之後才能進行各式各樣的操作。

如此一來，智慧型手機才能發揮它的功用。

人腦一開始也只是一個容器，需要什麼才能發揮正常功能呢？

我相信答案絕對不是國語或數學知識。

無論人類多麼趾高氣昂，終究都是動物界的一員。兩億年前的哺乳類動物與我們相差並不多。

兩億年前，哺乳類動物獲得延續生命所需的系統：「智能」。有些最基本的訊息能讓生存所需的「智能」發揮作用，而我認為這些訊息只能從大自然獲得。在大自然中的所見、所聞、所感——透過五感獲得的這些資訊肯定很重要。

國語或數學這類知識只能算是人類進入社會需要的能力。這些知識是ＡＩ最擅長的領域，是可以符號化的東西。

人腦則可以理解ＡＩ無法理解的「感覺」。發展這種感覺需要初始設定，我認為我們以感官接觸到的自然環境，就是這個初始設定。

◆不復記憶的體驗也有其意義

孩子們會從事各式各樣的體驗。

有些體驗會永遠烙印心底，但是有些體驗他們毫無記憶。哪怕某個體驗是父母特地為孩子規畫的，在父母心中是永生難忘的紀念，但孩子有可能半點都不記得，讓父母很所望。

不過這樣也無妨。

孩提時代的體驗不是用來留下回憶的。

各類的體驗都可以提升智能的性能，而且體驗未必要全然是快樂的，無論痛苦、悲傷、寂寞、惆悵的記憶，都能提升大腦的功能。

澆水施肥會讓植物的枝葉繁茂、開花結果，我們吃下的食物則會化為我們的骨骼和肌肉。而每一次體驗過後，經驗則會化為無形，但仍舊有所累積，這些累積就可以提升孩子們的「智能」。

◆最大限度運用「智能」的哺乳類親代

哺乳類動物具有育幼行為，而同樣會育雛的鳥類呢？

鳥類會築巢、孵蛋、照顧雛鳥，牠們也是具有智能的動物。

舉例來說，大家常常看到烏鴉，也知道烏鴉是很聰明的動物。有些烏鴉不但記得在垃圾回收日聚集到垃圾場附近，還知道要把堅硬的橡實放在路上讓車輾開之後再吃。這些都不是與生俱來的本能，而是經驗的累積與後天學習的結果。

不過與哺乳類動物相比，鳥類還是有很多地方需要仰賴本能。

比方說，大家知道剛出生的小雞小鴨有一種習性，牠們會將第一眼看到的移動物體視為親鳥而跟在它後面，這是出於本能的行為。又或者候鳥不會迷路而飛向目的地的能力，也是一種本能。

以哺乳類動物來說，肉食性動物的子代需要學習狩獵，水獺子代沒有向親代學習也不知道怎麼游泳。相較之下，鳥類能夠自行攝食，雛鳥長大後不必學習也能自行飛離巢穴。

鳥類的行為比哺乳類動物更仰賴本能。

這是為什麼？

鳥類雖然有育幼行為，但是替雛鳥覓食已經是親鳥的極限了，因此牠們無法投注太多心力教導雛鳥各式各樣的事情。也就是說，鳥類無法百分之百善用智能，只能仰賴本能。

而哺乳類的情況又是如何？

哺乳類動物以母乳養育小孩，哺乳是牠們在演化過程中發展出來的革命性系統。有了這個身體系統，親代不必為子代覓食也能育幼。省下了覓食的心力，就能讓孩子玩耍學習，以及教導孩子各式各樣的技能。

我們需要藉由「育幼」這個過程才能發展「智能」，所謂育幼就是子代得到親代的保護，在親代羽翼下累積經驗。而透過育幼，哺乳類動物才能充分發揮「智能」這項能力。

河馬的嘴巴
為什麼那麼大？

雄性哺乳類動物
存在的任務，
就是傳授規則。

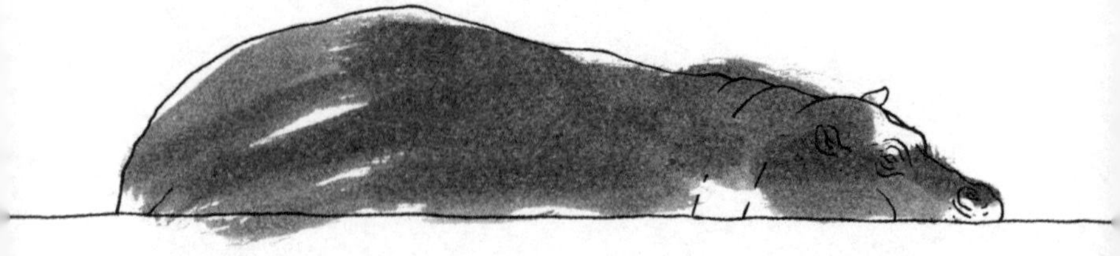

◆對子代來說，親代是什麼？

對子代來說，親代是什麼樣的角色？

子代是如何認知親代？

翻開字典，「親」的條目寫著：「有小孩的人，也可以用在非人類的動物身上。」不過對於小孩本身而言，看到「有小孩的人」恐怕還是不懂親代是什麼意思。

這個問題對於鳥類來說就簡單了，牠們的「親代」是指「出生後第一眼看到的移動物體」，雛鳥的腦中已經內建了這個程式。

鳥類的親代要負責孵蛋，因此這樣定義牠們的親代是最簡單也最適當的。

在自然界中，這個程式沒有什麼問題，但是當遇到預料之外的情況時，本能程式就不敷使用了。這也是本能的缺點。邪惡的人類曾經實驗性地將機器玩具擺在剛出生的雛鳥面前，雛鳥就以為玩具是親鳥而跟在它後面走。但真的在自然界裡，當然不會有玩具出現。只不過對鳥類來說，所謂的親代就是這麼一回事。

既然如此，哺乳類動物的親代又是什麼意思？

剛出生的嬰孩其實不知道誰是父母，但是哺乳類的親代會有育幼行為，因此對於孩子而言，會養育他們的人就是父母。

人類有時候會代替動物園裡的動物親代餵食子代奶水或飼料，這些動物長大後或許也以為餵養牠們的人類就是「父母」。不過這種錯認不至於造成生存上的問題，無論保護、照顧自己的是什麼生物，都是「父母」，認養育者為親沒有什麼礙處。

◆「智能」的產物

許多生物是透過發展「本能」掌握生存之術。

相對而言，哺乳類動物是透過「育幼」來運用「智能」。「本能」是在自然界存活所需最低限度的程式，而「智能」則是順應環境調整、更新程式或升級的能力。

於是乎在哺乳類動物的世界裡，可以看到一種精密的程式，是純粹靠本能生存的生物所沒有的。

這種程式就是「規則」。

舉例而言，雄性河馬會張大嘴較量誰的嘴巴大、誰的嘴巴小。嘴巴張得比較小不代表實力就會被否定，牠們還是有可能會以蠻力決勝負，實際上也會發生激烈的打鬥。然而，在河馬的世界裡確實有一條「嘴巴張比較大的是贏家」的規則。打破規則進行爭鬥只會導致互相傷害，最後削弱整個河馬群體的實力。如果所有雄性河馬一天到晚都在負傷，就會更容易受到肉食性動物的攻擊，又或者被其他河馬群體搶奪領地。

我們不知道嘴巴大小能否證明實力的高低，也不知道這個特徵在自然界是否重要。不過為了避開無謂的爭端讓群體得以存活，河馬就形成以張嘴大小決勝負的規則。

全世界最大的鹿是擁有雄偉鹿角的駝鹿。一般而言，鹿角是打鬥用的武器，但駝鹿角卻大到難以用來當武器。

其實在駝鹿的世界裡，鹿角大小決定了勝負。鹿角大的就是贏家，若大小相同的時候，雙方還是會輕微互撞，但不至於演變成真正的打鬥。

雄性灰狼或獅子的打鬥偶有劇烈的時候，不過幾乎不會演變成你死我活的殺戮戰。只要其中一方投降或逃跑，勝負就決定了。

為了生存，這些動物都發展出這種細膩的規則。

◆父親存在的意義

不需要真的開戰就能決定輸贏，這種細膩的規則是智能最擅長的領域。

然而，「激烈打鬥會喪命」、「群體內鬥會自取滅亡」都是危險的體驗，所以不能讓子代輕易走上這一條路，因此必須有人教導孩子們這些規則，讓子代避免這些危險。

雄性哺乳類動物存在的任務，就是要傳授規則。

雌性的重要任務是保護體內胎兒、哺乳養育小孩；而雄性被分配到的任務，就是教導小孩規則。

很多雄性哺乳類動物並不參與育幼，但如果是群體生活、需要規則的動物，雄性的角色就很重要了。

哺乳類動物的
「育幼心法」
仰賴的是智能，
而非本能。

猩猩老大
怎麼養育小孩

◆大猩猩的育幼行為

大猩猩與人類的親緣關係相近，我們來看看牠們的雄性怎麼育幼。大家都知道雄性大猩猩有育幼行為。

大猩猩群體中會有一隻雄性領導者，由牠率領數隻雌猩猩組成一個群體。不過照顧小孩還是母親的職責。畢竟大猩猩寶寶的特徵是體型極小，剛出生時體重不滿兩公斤，三歲前持續喝母親的乳汁，非常黏媽媽。

子代還小的時候，猩猩媽媽會一直把牠抱在懷裡灌注母愛。

但是等到子代離乳之後，就輪到雄性出場了。此時母親會把子代留在雄性大猩猩身邊。

大猩猩群體中有數隻雌性個體，其他雌猩猩同樣會帶小孩過來，因此雄性大猩猩的周遭充滿子代，非常熱鬧。

牠像是身處一所幼兒園，裡頭的孩子都一起玩耍。

雄性大猩猩並不會替小孩把屎把尿，只是觀望牠們玩耍的樣子，一旦發生爭執就會介入調停。

牠總是秉公處理，保護年紀小或受到攻擊的孩子。透過這樣的方式，牠將大猩猩群體的規則或社會生活教導給下一代。

領導者周遭的孩子都是自己人，牠不會偏袒誰。但是母親就不一樣了，自己生的小孩最可愛，因此做母親的一定會袒護自己的小孩。

有私心就無法讓群體穩定，所以才會由雄性大猩猩看顧小孩，讓牠們學習「社會規範」。

大猩猩子代漸漸成長之後，會在父母親之間來來去去，好比在「依賴」與「獨立」之間徘徊的青春期少年。

小孩們也開始不睡母親的床，而是選擇睡父親的床。再長大一點，牠們會在父親的床附近自己鋪床睡，自己鋪床睡是猩猩獨立的證明。

猩猩需要花十到十五年的時間才能夠長大成熟，這在哺乳類動物中算是很長的。能夠花這麼多時間養兒育女，代表大猩猩有能力保護小孩。

而子代的成長期長，就代表牠們在長大成人之前要學會很多事情。

◆有過經驗才懂得如何當父母

一般認為，在動物園被人工養育的大猩猩不懂得如何育幼。大猩猩的育幼行為相當複雜，唯有小時候親身體驗過，長大後才會懂得要如何用這麼複雜的方式養育下一代。猩猩寶寶要先經過親代的養育，才能長大成為大猩猩。

子代透過育幼行為認識親代，親代也透過育幼學習當父母。對於親代來說，養育子女是一種經驗，需要透過智能學習。

鳥類的育幼行為內建在本能中，沒有經過學習也知道要蒐集樹枝築巢、孵蛋，以及覓食和餵養雛鳥。

哺乳類動物比鳥類更懂得怎麼運用「智能」。不過換句話說，如果沒有透過智能學習，我們連育幼都做不到。

◆學習就是模仿

小孩的本分是玩，他們一天到晚都在玩耍。

孩子特別喜歡玩模仿大人的遊戲，一下模仿媽媽玩扮家家酒，一下模仿站務員玩電車遊戲，或者模仿大人打電話、開車等等。

不是只有人類小孩喜歡玩模仿遊戲。

猿猴少女也會對猴寶寶產生興趣，想要親自抱抱看。有了這些經驗的猿猴不管是否得心應手，往後都有辦法養育自己的小孩。但是據說沒有這類經驗的猿猴就做不到了，動物園的猿猴就是如此。

模仿遊戲就是所謂的模擬練習。

哺乳類動物的小孩模仿大人，牠們的重要技能「養兒育女」也是透過玩耍學習來的。

題外話，人類女性似乎是越年輕越受歡迎，但對黑猩猩來說，有點年紀的雌性似乎比年輕的雌性受歡迎。

年輕的雌性沒有養育子代的經驗，反倒是年長的雌性善於育幼，因此會更受歡迎。

許多生物是靠本能在育幼，人類對於小孩的愛或許部分也是出於本能。不過哺乳類動物的「育幼心法」，仰賴的是智能而非本能。

因此哺乳類子代透過經驗與學習獲得生存能力，親代同樣是透過經驗與學習熟悉育幼之道。

第 3 章

什麼叫「正常」？

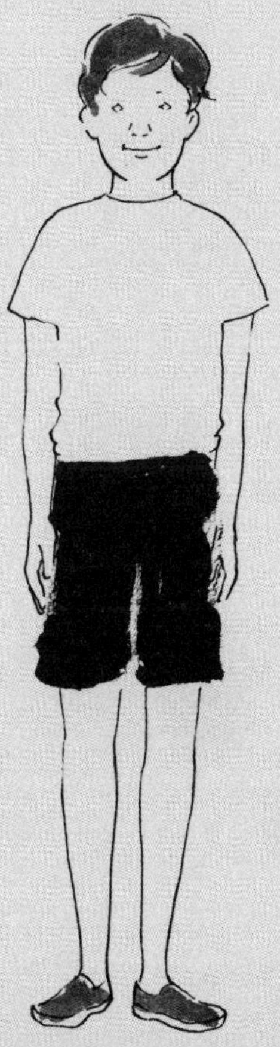

你看過黏人蟲果實的內部嗎？

蒼耳有兩種
個性迥異的種籽。

◆長得快與長得慢

各位知道「蒼耳」這種雜草嗎？

蒼耳帶刺的果實常附著在我們的衣服上，因此它們有一個別名叫「黏人蟲」。即便知道蒼耳的果實是什麼，應該也很少人見過果實的內部。

蒼耳果實的內部有兩種種籽，一種較長，一種較短。

這兩種種籽的個性不盡相同。

長的種籽很快就能發芽，個性急躁；短的種籽則不太容易發芽，個性比較溫吞。也就是說，蒼耳有兩種個性迥異的種籽。

急驚風的種籽和慢郎中的種籽，哪一種比較具有優勢？

答案沒有人可以確定。

早早發芽有可能是更好的選擇。

俗話說：「好事不宜遲，打鐵要趁熱。」「先發制人。」搶在其他植物前面先發芽似乎滿有利的。

不過俗話也說：「躁進壞事。」「欲速則不達。」

早早發了芽，但當下的環境或許還不適合生長，又或者早發芽的卻最先被人類給除去。

早發芽可能更好，也可能晚發芽比較好，所以蒼耳的果實裡有兩個種籽。

也就是說，種籽具有不同的個性，這種多樣性就是蒼耳的生存策略。

◆「多樣性」的策略

有的小孩發育得快，有的發育得慢。

有人高大，有人嬌小。

有的小孩動作快，有的動作慢。

有的小孩學得快，有的學得慢。

究竟哪一種比較好？

蒼耳已經給了我們清楚的答案。

沒錯，沒有哪一種生長方式必然更好，既然無法確定什麼會更好，代表兩者都應該存在。

自然界的生物常有這種多樣性的案例。

蒼耳或其他雜草的發芽時間不一，有的比較早，有的比較晚，所以雜草才會不管怎麼除都除不盡，生生不息。

發芽的最佳時機沒有一定答案，對於沒有明確解答的問題，自然界的生物是以「保持多樣性」來應付。

蒲公英的葉子有的鋸齒多，有的鋸齒少，形態各不相同。為什麼它們的葉子形態有這樣的差異？

沒有人知道原因。

不過既然葉子具有多樣性，代表一定有必須保持多樣性的理由。鋸齒少或許能讓光照的面積更大，鋸齒多或許有利於葉子整體受到水的滋潤。

儘管原因無人知曉，但是既然它們的葉子具有多樣性，代表意義就在於多樣性本身。

雖然蒲公英的葉子有所差異，花色卻沒有。

蒲公英花都是黃色的，為什麼？

蒲公英花所吸引的是虻科昆蟲，虻科昆蟲性喜黃色花朵，喜歡聚集在黃花上，因此蒲公英的花才是黃色的。

花色的正確解答是黃色，既然有正確的答案，就不需要多樣性了。具有多樣性就代表沒有最佳解或唯一最具優勢的選項。

◆手指數量沒有個體差異

人類的手指有五根，拇指、食指、中指、無名指和小指。

大人小孩的手指數量都一樣，剛出生的寶寶也是五根手指，大家的手指數量都相同，不會隨著成長越變越多。不管是大人小孩，五根手指都是最方便的狀態，因此人類手指固定只有五根。

我們每個人也都只有一雙眼睛，眼睛的數量不會因為長大而變多，三個眼睛也不代表會比較傑出。

可是每個人的長相就不相同了，手指的粗細與長短也具有多樣性。

有人長得高大，有人個頭矮小。

有時候是高大的人占優勢，有時候是嬌小更有利。比起人高馬大的團體，高矮胖瘦兼容的團體反而能做到更多事，所以人類的體型是因人而異。

生物都經歷了漫長的演化過程。

人類也不例外，藉由演化過程而發展出適合生存的形形態態。手指演化成五根，體型的演化則是呈現出高矮胖瘦的不同樣貌。

這種多樣性，就是生物演化的結果。

大腦不善於處理「大量」的資訊

人類的大腦本質上不擅長處理「大量」的事情。

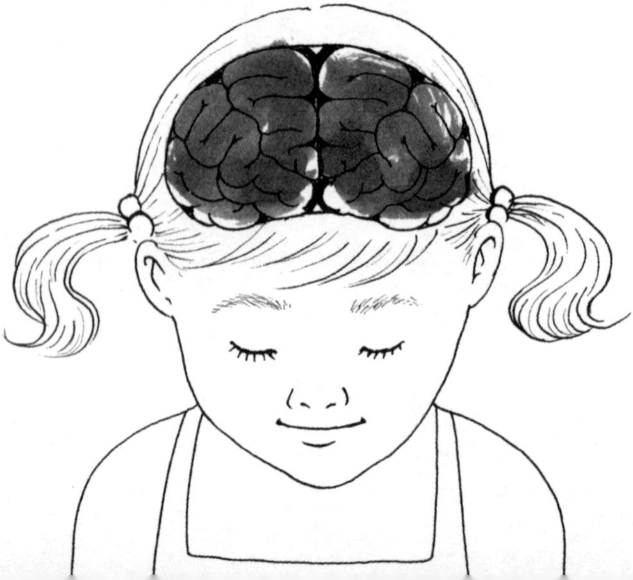

◆誰不接受多樣性？

我們的成長方式具有多樣性。

有人長得快，有人長得慢。

有人長得高大，有人長不高。

這種多樣性是「生物的策略」。不過有個東西並不接受多樣性。

就是我們的大腦。

人腦不善於處理複雜的訊息。

有一個法則叫做「神奇數字七法則」，意思是：人類一次頂多只能記住七樣東西。

這是真的嗎？

我們來試試看。

請記住下一頁的插圖，限時三十秒。

接著再看左頁的圖，什麼東西不見了？

10
令和元年

答案是不倒翁。為什麼明明十樣物品也不多，我們就是記不住呢？

再來試試下一題吧。

雖然超過七個圖，但是這一題可能大家都記得住，因為這些圖都與《桃太郎》的故事有關。先找出關聯性，再加以歸納整理，大腦才有辦法勉強記住超過七樣東西。

◆大腦不擅長處理太多資訊

記憶圖畫或許比較困難，試試看數字吧。

請記住旁邊的數字，限時五秒。

怎麼樣？是不是太簡單了點！

下面這一組數字呢？也是限時五秒。

5

1

8

9

2

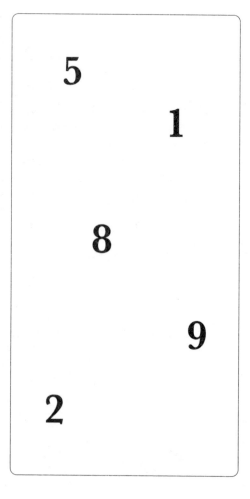

上面這一題是不是也太簡單了！

下一組數字呢？限時同樣五秒鐘。

2　6

4

3

3

5

1

9

如何？

前兩題應該可以輕輕鬆鬆記住，但是第三題就比較不容易了吧？

你知道第三題有幾個數字嗎？

答案是八個。

只有八個！

人類厲害到發明了電腦，我們優秀又傑出的大腦照理說應該能理解一百、一萬，甚至一億個數字。然而實際上，人腦必須費盡力氣才能記住兩隻手數得完的數字。

我們的大腦本質上不擅長處理「大量」的資訊。

◆理解「大量」的方法

如同上述的例子，當題目是文字（圖像）時，只要歸納出《桃太郎》的故事，我們的大腦就更容易理解。

那麼數字呢？

我們來看看下面的數列。

6 2 4 3 5 1 9 3

把亂七八糟的數字排成一列，是不是就好記很多？

如果再排成下面這樣呢？

1 2 3 3 4 5 6 9

這次是依照數字的大小排序。

我們可以看到「3」有兩個，而1到9中間缺少了「7」和「8」。

經過排列和整理順序之後，人腦就比較能夠理解這些資料。

我們的大腦最喜歡把東西排成一列或排順序。

學校排成績也是這樣的關係吧？

可惜的是，
人類的社會
並不喜歡多樣性。

 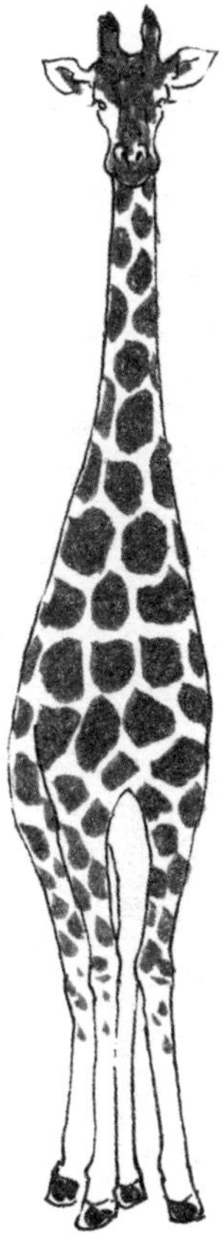

大象和長頸鹿，誰大誰小？

◆一種方便的發明

生物的世界具有多樣性。

我們要怎麼比較A生物和B生物的大小？假設A和B各有五個個體，我們可以量量看牠們個別的體重。

A生物的個體分別是三公斤、八公斤、兩公斤、四公斤、兩公斤。

B生物的個體分別是五公斤、四公斤、三公斤、四公斤、五公斤。

哪一種生物比較大呢？

從重量來看好像難分軒輊，於是人類憑空創造出一個讓大腦可以理解的概念，就是「平均值」。

A生物的平均重量是三點八公斤，B生物的平均重量是四點二公斤。根據平均值，我們知道B比較大。

有了平均值的概念之後，人類終於能比較A與B的大小了。

不過真的是B比較大嗎？以平均值來說確實沒有錯，但是A生物之中也有大型的個體，B生物之中也有小型的個體。

現在假設A是小型犬，B是貓咪，在比較貓狗的大小時，以體重做為標準真的妥當嗎？說到底，比較貓狗的大小又有什麼意義呢？

平均值雖然好用，但是意義有限。

◆沒有「指標」就無所依據

請見下一頁的插畫，畫中有很多不同種類的動物。

哪一種動物看起來最大？

是大象嗎？

但是長頸鹿不大嗎？長頸鹿的個頭比大象高。

那麼你能將這些動物依照大小排序嗎？

犀牛、河馬、水牛和大猩猩，誰大誰小？

到頭來，「大」是什麼意思？是指身高，還是體重？

「高度」、「長度」和「重量」都只是一種指標，進行比較時我們只能使用其中一個標準。

下一題來了，請問哪一種動物最強大？

是老虎？獅子？或者大猩猩？

說實在的，老虎、獅子和大猩猩的棲地不同，根本不可能交手。即便牠們真的在某處碰頭了，動物會傾向避免無謂的打鬥，所以牠們打不起來。

而且「強」到底是什麼意思？駱駝是耐旱的沙漠動物，北極熊耐寒，這樣誰比較強？

下一題，請問哪一種動物最聰明？

是大猩猩嗎？或者是海豚？

我們要怎麼比較，才知道大猩猩和海豚誰更聰明？

說來說去，真的有必要比較大猩猩和海豚嗎？

不管誰大、誰強、誰聰明都沒有人真的知道，這些問題也不重要。儘管如此，人類還是會想要比較，並為此創造出比較的指標。

這就是人腦的習慣。

◆人類不喜歡多樣性

我們的大腦喜歡先釐清複雜的東西，再進行理解。

因此我們一下要算平均值，一下又要比東比西。

問題在於，我們把自己所創造的「平均值」概念當作真理在崇拜。

生物具有多樣性，多樣性是生物的一種價值。

而不善於處理大量資訊的人類大腦，碰到多樣性就苦惱了。於是我們努力讓多樣性的生物趨於一致。

比方說，人們不樂見自己栽種的蔬菜具有成長的多樣性。

如果作物可以在統一的時期發芽、採收，對我們來說會比較方便，甚至大小也要一致比較好裝箱、上架販售。因此我們盡量減少蔬菜的多樣性。

人類也是生物，和自然界的其他生物一樣具有多樣性。眾人沒有優劣之分，多樣性反而才是價值所在。

可惜的是，人類的社會並不喜歡多樣性。

最可悲的是什麼？一如蔬菜的種植管理，我們也一直想把自己填塞進單一的、同質性高的社會群體裡。

「正常」的狗是什麼樣的狗？

平均值或偏差值都只是方便人類理解的工具。

◆所謂的「正常」並不存在

人類創造出「平均值」這個好用的工具之後，開始很喜歡一個用詞。

這個用詞就是「正常」。

「正常」是什麼意思？
「正常的狗」是什麼樣的狗？
「正常的花」長什麼樣子？
「正常的樹」長多高？
「正常的長相」又是什麼長相？

自然界充滿了多樣性。自然界百花齊放。

然而我們抓著接近平均值的事物，說它們是「正常」的。熱愛平均值的人腦，對於「正常」這個詞有種莫名的安全感。

但是自然界並沒有所謂的「正常」，「正常」只是一個虛構的概念。既然如此，那就表示「不正常」也不存在。

我們都知道「正常人」這個說法，但是正常人是什麼人？我們也會說「不正常」，那麼不正常又是什麼意思？

自然界的一切生命都是相異的個體，沒有所謂的「平均」與「正常」。

我們每個人都長得不一樣，每一個人都是不同的個體。

所謂的正常人並不存在。

所謂不正常的人也不存在。

即便踏破鐵鞋、尋尋覓覓，也找不到所謂的正常。

◆小寶寶的悲劇

人類社會有一條所謂的「生長曲線」，可以用來呈現寶寶的發育狀況。

這條生長曲線會顯示平均值與接近平均值的範圍，嬰孩的身高體重若是落在這個區域，就可以說是「正常」。

生長曲線確實有其意義。

但是我很懊悔自己在養兒育女時，被這條曲線給牽著鼻子走。

孩子的身高體重數字若大於生長曲線的預測，代表比正常寶寶胖太多，要限制餵奶量；數字比較低，又擔心他發育比其他小孩慢，要讓他喝更多奶。

一下子限制餵奶量，一下子突然又要多餵一點，寶寶們一定覺得不堪其擾。

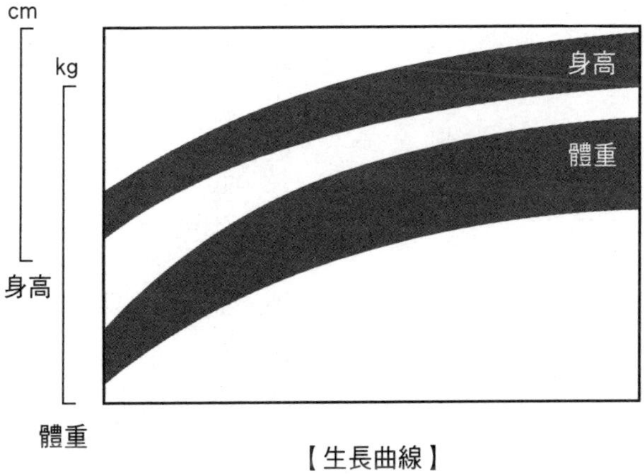

【生長曲線】

◆成長總是會被拿來比較

平均值對於人類而言非常萬用。

嬰兒時期看生長曲線，比較寶寶與平均值的落差。之後小孩還要面對更多的比較，無止無盡比個沒完。

嬰兒的身高可以用捲尺量，單位是公分；嬰兒的體重可以用體重計測，單位是公斤。但是這些還不夠，人們為了比較孩子的成長狀況，不斷創造出各式各樣的單位與標準。

我們還創造出一個更為方便的工具，叫做「偏差值」。

A在學校考試考了八十分。

B在學校考試考了七十分。

A和B誰比較優秀？

大家可能想說考了八十分的A比較優秀，但情況可能沒有那麼單純，因為A和B參加的是不同測驗。或許A的測驗比較簡單，B的測驗比較難。

此時要使用的就是「平均值」。

A參加的測驗，平均分數是八十五；B參加的測驗，平均分數是五十。這樣一來，B的分數遠遠超過平均值，或許可以說是B比較優秀。

但如果平均值相同呢？

A參加的測驗，平均分數是五十；而B參加的測驗，平均分數也是五十，這樣就代表考了八十分的A比較優秀嗎？這也很難說。

這個時候更重要的是差距的幅度。

A的測驗中有人考一百，也有人零分，分數落差很大。而B的測驗中，幾乎所有人的分數都落在五十分左右，七十分的B是全校第一。

從整體的差距幅度，找出這個分數落在什麼地方，就是所謂的「偏差值」。

不過偏差值還是有它的問題。有時候考了一百分，偏差值依然高不起來。

偏差值是以平均分數為五十，假如所有人都考八十分，大家的偏差值都會是五十。倘若五十人應試，有四十九人考八十分，只有B考八十一分呢？B的偏差值就是一二〇，前所未見的高數值。但是考了八十一分的B真的有那麼優秀嗎？

平均值和偏差值都是比較出來的。

平均值和偏差值只能提供參考。

這些數字都只是方便人類理解的工具。

請各位回想一下前面的內容。

其實「成長的多樣性」和「多元能力」，才是生物採取的策略。

蒲公英的絨球
隨風飄散的真正理由

子代生長的時空
不同於親代的成長環境。

◆蒲公英種籽離開親代

蒲公英是靠風力傳播種籽。採取風力傳播的原因何在？

其中一個原因是擴大分布的範圍。

植物無法走動，一生只有兩次移動的機會。

第一次是透過花粉移動。花粉經由風力或蜂類等昆蟲的傳播後，與其他花進行授粉，也就是移動之後與其他植物交配。

第二次則是種籽。

擴大分布範圍的機會僅只一次，因此植物必須想方設法讓種籽往外走。

有些植物像蒲公英一樣，以風力傳播種籽；有些則如蒼耳或鬼針草這種黏人蟲，附著在人類衣物或動物毛皮上移動。

植物透過各種方式傳播種籽，但是種籽遠走高飛後，未必都能順利抵達適合生長的土地。那為什麼還要讓種籽進行長距離的傳播呢？

其實種籽的傳播也不單純是為了擴大分布範圍。

還有第二個很重要的理由，就是讓種籽離開親代。

如果種籽落在親代附近，對於小嫩芽而言，親代會是最大的威脅。要是親代的枝葉茂密成蔭，好不容易發芽的子代就無法得到充足的日照，土壤中的水分和養分也都會被親代吸收。

對於新生的植物子代而言，親代只會阻礙生長。

因此植物的親代才要費盡心機將種籽傳播到遠方。

◆子代生長的時空環境

種籽的傳播還有其他目的。

假設親代在一個地方成功發展、結出豐碩的果實。

這樣的成功，子代有辦法複製嗎？這就不一定了。

親代成長的環境不同於子代，環境會改變，各種狀況也會變化。子代生長的時空不同於親代的成長環境，成功是無法複製的。

以前適合生長的地方不代表現在也適合生長；以前不適合的環境或許現在

適合了。植物的棲地環境時常在變化，因此才要讓種籽前往新的天地發展。植物子代知道在新的時空環境下，最好在新的地方成長。

◆蒲公英親代能做什麼？

我們對植物的印象是它們不太會動，但其實植物常常會有一些動作。蒲公英花開在直挺挺的花莖上，花謝之後花莖就會垂倒在地面上。目前我們其實也不清楚為什麼花莖會有這樣的動作。

根據推測，它們的目的可能是保護種籽在花期結束到結果的期間，不受風與天敵的侵擾。

蒲公英透過風力傳播種籽，種籽飛走後，親代就無法再幫上什麼忙了。因此它們只能努力產出豐碩的種籽，讓後代可以在遙遠的土地上扎根發芽。

一旦種籽成熟，蒲公英的花莖又會再度挺直。而且神奇的是，花莖盡全力向上伸展，直到超過開花期的高度，因為花莖要夠高，才能讓種籽乘著風飛去更遠的地方。

蒲公英子代自備絨球可以飛向遼闊的天空，也具有發芽、成長的力量。而蒲公英親代能為子代做的，就只有挺起花莖。

最終種籽將隨風啟程，邁向親代未曾聞見的新天地。

母狐狸會對子代
進行恐嚇與攻擊。

狐狸爸媽翻臉不認小孩的時機

◆狐狸的育幼行為

對於生物來說，離開親代的意義是什麼？放手讓子代獨當一面的意義又是什麼？肉食性動物的親子分離是很絕情的，下面要介紹的例子是狐狸。

狐狸是很重感情的動物。童話故事中的狐狸總是給人狡猾的印象，不過實際上狐狸家族之間的情誼相當牢固。

狐狸採一夫一妻制，雄性也會參與育幼，由夫妻一起照顧小孩。母狐狸會躲在挖得很深的巢穴中待產，雄狐狸則會勤奮地替在巢穴中的雌狐狸覓食。即便小孩出生了，雄狐也不能進洞裡。據說曾有人觀察到在巢穴附近坐立難安的雄狐，好像很想見見自己的小孩，讓人不覺莞爾。

狐狸媽媽生產完之後，雄狐狸要持續替牠送食物。

狐狸以老鼠或兔子為食，覓食對牠們而言並不容易。就算生活在食物豐富的里山環境（編按：里山指環繞村落的山林和草原，經人類適當耕耘，可提供動植物多樣性的棲地），也需要一平方公里的領地。若是在食物匱乏的地方，領地可能要五十平方公里。為了家人，狐狸爸爸必須在遼闊的領地間徘徊覓食。

況且老鼠與野兔相當敏捷，獵捕起來並不容易。狐狸需要高超的狩獵技巧。牠們的基本狩獵方式是跳躍，畢竟以追捕的方式捉老鼠與野兔有一定難度，因此狐狸選擇靜悄悄靠近，再一口氣跳高，由上往下攻擊獵物。

牠們還有一種特殊的狩獵方式，稱作「誘捕」（charming）。鎖定獵物的狐狸會維持著一個不會讓獵物溜走的距離，然後狀似痛苦地不斷打滾，老鼠和兔子看到狐狸的模樣心生好奇，就會忘記要逃命。此時狐狸一邊劇烈扭動、一邊慢慢靠近，趁獵物不注意的時候偷襲。據說牠們還懂得裝死讓獵物放下戒心，這也是需要高超的演技。

在獵捕水鳥時，狐狸也懂得把水草或雜草纏在身上，透過偽裝的方式靠近獵物。這種狩獵方式需要高度的智能。

進行高階的狩獵行為需要深度的學習。

所以小狐狸出生三個月左右，親代就會把牠們帶到遠方，傳授生存需要知道的重要事項，包括如何狩獵。

◆讓小狐狸離巢的狐狸爸媽

等到教會孩子怎麼狩獵之後，狐狸爸爸就不再替小孩覓食了，透過這種方式督促小狐狸自立。

乍聽之下很無情，但牠們並非放任小孩自生自滅。有時候狐狸親代似乎會事先把食物藏好，再讓小狐狸自己去找，表面看起來嚴厲，實則處處有愛。這種愛在心裡口難開的表現，實在很有父親的育幼風格。

然而進入夏天的尾聲，就是別離的時刻了。

小孩不能永遠待在父母身邊。進入離巢期，親代會開始驅趕子代。

狐狸是很寵小孩的動物，養育小孩時也關愛有加。在小狐狸眼裡，媽媽和爸爸都無比慈祥和藹。小狐狸也很依賴父母。

可是在離巢期的狐狸爸媽會突然翻臉就不認小孩了。

小狐狸會困惑地無法理解，像平常一樣回到父母身邊。但是親代不允許子代回來，選擇強力恐嚇並驅趕小孩，狐狸媽媽甚至還會開咬。

儘管如此，小狐狸還是想回來，不過每次都會遭到恐嚇與攻擊。

最終小狐狸會死心離開父母家園。

這就是孩子的自立，也是親代放手讓小孩獨當一面的時機。狐狸親代就是為了這一刻才不斷教導子代各種生存策略，最終子代也會擁有自己的領地並為人父母。

這一切都是為了讓小孩學會獨立自強。這就是狐狸的育幼方式。

◆人類的育兒期多長？

狐狸的育幼期只有短短幾個月的時間。

一如狐狸的例子，時候到了，動物親子就會分離。

那麼人類親子是什麼時候要分離呢？

人類的育幼期極其漫長。

雖然說哺乳類動物的育幼方式往往已經到了過度保護的地步，不過大多數都在一年內結束，再長也就兩、三年。

鹿和馬這些草食性動物一出生就能起身走路，人類的嬰孩卻要一年才能站起來學步。在人類社會裡，我們也實在很難想像五歲小孩是一個可以獨立生存的個體。

人類小孩確實需要很長的時間才能長大。

人類的育幼期
為什麼那麼長？

其實「慢慢長大」
是人類的生存策略。

◆雙足步行的代價

人類的孩提時期特別長，這是有原因的。相較於其他動物，人類寶寶出生的狀態非常不成熟。

人類是雙足步行的動物，我們的祖先從四足步行演化至雙足步行，身體站立之後能夠支撐巨大的腦部，空出來的雙手也能使用工具。

雙足步行讓人類成為現在的人類。

不過雙足步行也有其問題。

為了支撐直立行走時的體重，人類的骨盆形狀改變，女性生出寶寶的產道變窄，因此人類母親的生產比其他動物更艱苦。

而寶寶為了可以通過狹窄的產道，就必須在幼小不成熟的狀態下出生。結果生出來的是視力發展不完全、連蹣跚學步都還做不到的脆弱嬰兒。

◆成長速度緩慢的人類嬰兒

如果沒有父母的照顧，人類嬰兒根本什麼都做不到，無法生存。為人父母者強悍有力，能夠養育不成熟的嬰兒。於是育兒就從照顧嗷嗷待哺的小寶寶開始了。

雖然說人類育兒期長的原因之一是嬰孩不成熟，不過光是這個理由還不足以解釋，因為即便出生時不成熟，出生後還是可以快快長大。

比方說，大貓熊的寶寶出生時只有一百五十公克，非常迷你又不成熟。可是出生後的小貓熊會快速長大，過了三年就已經長得又大又壯，可以離開親代自己獨立。

又或者袋鼠寶寶出生時體重只有一公克，體長只有兩公分，大概就像大一點的昆蟲。不過牠們在媽媽的育幼袋中會快速長大，一年內就可以離開親代。

這些動物透過縮短孕期以減少母體的負擔，生產時寶寶雖然嬌小，但是寶寶出生後的成長速度很快。所以即便新生兒不成熟，未必就代表成長期也會相當耗時。

然而，人類小孩為何長得這麼慢呢？

◆慢慢長大的策略

其實「慢慢長大」是人類的策略。

哺乳類動物為了生存發展出智能。而親代的育幼行為也有助智能發展，讓子代有機會「學習」，並透過「遊戲」累積經驗。

人類是哺乳類動物中最重視「智能」的生物。將「智能」當作生存武器的人類，有許多生存上必須學習的「知識」。

比方說，我們要先學習語言才能溝通，要先學習文字才能傳遞資訊；我們不但要學習使用工具，也要知道怎麼製造工具。如果幼體必須快速長大，代表在學會生存技能之前就得被迫獨立了。但是對於人類小孩而言，「慢慢長大」比「快快長大」更重要。

因此人類才會演化出比較慢的發育速度，不會太快長大成人。

「不可以長太快，要慢慢長大。」

這是人類的生存策略。

要把「智能」當成一種武器，就不能沒有「育兒」的過程。不過經年累月養育「慢熟」的小孩是一件很辛苦的事。於是人類發展出以「一夫一妻」為基礎養育小孩的「家庭」制度，並且開始集體狩獵、集體養兒育女，漸漸形成一個養兒育女的「社會」。

然而，人類的育兒期一直在變長。

如今對於人類這種生物來說，親子都是什麼時候分離的呢？

從我們出生到高中畢業、成年和大學畢業為止，大概至少要二十年；其他生物的養育期沒有像人類這麼長。

儘管如此，我們的社會上還是存在著不管幾歲、不管什麼時候都要父母照顧的小孩。

也存在著不管幾歲都要照顧小孩的父母。

人類真的是很奇妙的生物。

對於生物而言，
大人是什麼？

沒有任何生物
會犧牲未來的世代
以成全自己。

◆大人的任務是什麼？

前面介紹過生物幼體的任務就是「長大」。

那麼生物成體的任務又是什麼？

答案是：「繁衍下一代。」

小孩活著是為了長大，大人活著是為了生養小孩。新生兒以成長為目標。

你或許會懷疑，難道就只有這樣嗎？

沒錯，僅只如此。

對於生物來說，就是如此而已。生物就是這麼一回事。你也許會覺得這種人生未免太空虛。當然，我們是人類，我們可以追求人生的價值，也可以思考生存的意義。

不過以生物學的角度而言，生命除了生長，沒有更多了。小孩活著是為了成長，大人活著是為了生命傳承。講得好聽一點，小孩活著是為了變成「好的大人」，大人活著是為了生出「好的小孩」。

對於經歷高度演化的哺乳類動物來說，「大人要繁衍、保護、養育下一代」，生命的意義就是這樣，別無其他。

小孩活著是為了長大，大人活著是為了生小孩。新生兒活著是為了成長，長大後則要接棒傳承下去。

生生不息。

生命就只是不斷重複「生」與「長」。

◆生命像是一場馬拉松的接力賽

小孩成長，大人生小孩……生命就是生與長的循環，這樣的循環有什麼意義呢？

你們跑過全馬嗎？

一個人要跑完四二・一九五公里是很艱難的任務。

我們之所以能夠努力跑完全馬，是因為目標明確。

要是沒有目標，只能無止盡地不斷向前跑呢？你能夠一路全力衝刺嗎？如果是跑一公里呢？一公里應該會讓人想努力跑完吧？要是距離更短，只有十公尺呢？如果十公尺前方就有跑者在等待了，你只要跑到下一個跑者面前交出接力棒就好。

路途若是只有十公尺，即便沿路像障礙賽一樣充滿各種難關，我們還是能想辦法跨越重重阻礙交出接力棒，或者盡力堅持到底交出接力棒。

這就是生命的薪火相傳。

一個個體不可能生存很長的時間而不遭遇任何意外。一個世代過完有限的生命後就交棒給下一個世代，下一個世代再交棒給下下一個世代。

生命的薪火就是這樣傳承下去的。

小孩長大成人後又生下小孩，時間不斷往前延續，一個個將生命的棒子交接下去。現在接過棒子的我們，就要往未來跑去。

但真的只有這樣嗎？

沒錯，真的只有這樣。

這樣的生命沒有意義嗎？其實它是很值得驚奇的事吧？光是生命的傳承就已經足夠讓人讚嘆了，如果我們能夠在人生中找到樂趣，或者找到讓自己心動的事，那就更加美好了。

◆親代為子代犧牲奉獻

狐狸親代在子代有獨立的能力之後，就會張牙舞爪把牠們趕走。這是狐狸的愛，狐狸親代唯一的願望就是子代能獨立自強。

狐狸親代並不會期望子代的回報，也沒有小狐狸會回過頭去照顧父母。成長成熟之後，小孩就是獨立的個體；育幼任務完成之後，親代也是獨立的個體。就是這麼簡單。

不只是狐狸如此，所有生物的親代都是為了延續下一代而活，所有生物的親代也都會為子代奉獻一切。但是沒有子代是為親代而活的。

只有人類是子代會照顧親代的奇妙生物。

孝順當然是一件好事，懂得感謝養育自己的父母也很了不起。

不過就生物學來說，子代為了親代而犧牲自己的人生是不對的。

親代為了小孩付出一切在所不惜，但是小孩並不會投桃報李。

這並不是因為小孩無情，而是因為孩子要回報的對象並非親代，而是下一個世代。這就是生物界的潛規則，生命的接力棒就這樣從一個世代交接到下一個世代。

生物親代為子代犧牲奉獻，但是沒有生物會犧牲子代來成全親代。更不會有生物犧牲未來的世代以成全現在的世代。

如果有的話，也只有人類了。

老奶奶推進了人類的演化？

一名長者的死，
相當於一間
圖書館的消失。

◆「老奶奶」的誕生

生物成體的唯一任務是「繁衍下一代」。因此許多生物在留下後代以後，壽命就會結束了。蟬產下卵之後，氣力放盡掉落地面；鮭魚經歷驚險的旅途溯溪而上產卵後也會失去生命。具有育幼行為的生物需要更長的壽命才能養育下一代，不過一旦育幼任務結束，壽命往往也隨之結束。

然而，人類即便不再生養小孩，壽命也不會就此結束。比方說，老奶奶和老爺爺雖然不會再生小孩，卻還是可以活很久。

擁有祖父母的生物並不多，蟬沒有，鮭魚也沒有。

生物固然有親子關係存在，但是祖父母、父母與小孩三代同堂的情況很罕見。即便有些生物很長壽，也不會三代一起生活。

舉例而言，前文介紹的狐狸在親子分離之後，小狐狸也會成為父母繁衍下一代。狐狸父母和長大的小狐狸是關係對等的成體，牠們已經不是親子關係，祖孫也沒有關係。

可是人類社會卻存在老奶奶和老爺爺的角色，一般認為，他們的存在讓人類的演化有了大幅進展。

◆含辛茹苦的人類救世主

人類世界的老奶奶和老爺爺扮演著重要的角色。

我們的育幼行為比其他生物更艱辛，而且育幼期極為漫長。於是人類為了養兒育女發展出「家庭」與「社會」的制度。

在家庭與社會的育幼過程中，老奶奶和老爺爺占有關鍵地位。

有一項假說叫做「祖母假說」（grandmother hypothesis）。

人類女性到了一定年齡之後就無法再生育，而無法生育的她們反而可以專心養育小孩。

小孩出生後若是沒有順利長大繁衍下一代，生命就無法延續。因此將新生兒拉拔長大是具有育幼行為的哺乳類動物的重要任務。

倘若人類女性活得夠久，她們的下一代在這段期間長大又生了下一代，年長女性就能協助照顧子孫。

老奶奶就是透過這種方式分擔育幼的工作。

那麼老爺爺呢？

如果不參與育幼，老爺爺就沒有存在價值了嗎？育幼當然不是只有直接養育才算，保護家人與群體免於外敵攻擊、為家人與群體覓食，這些工作也是育幼過程所需要的。

所以人類發展出家庭與社會的制度，讓無法再生育小孩的老奶奶和老爺爺也有了自己的任務。

◆「智慧」這項禮物

長者的任務並不是只有這些實際的工作。長壽的老奶奶和老爺爺有豐富的生命經驗，而且他們從這些經驗中學習到了很多智慧。

人類的壽命變長了，可以活到子孫長大的那一天。小孩長大之後，就可以傳承長輩的智慧與技藝。人類將活的知識傳給子孫，讓未來的世代可以累積更多智慧。

在經歷許多世代之後，人類的智慧不斷成長更新，透過這種機制發展出進步的文化，最終建立文明的世界。祖母假說所要提倡的就是，「人類能夠演化出高度文明的社會，其實是多虧了長壽的老奶奶」。

老奶奶和老爺爺可以協助育幼的任務。

面對孩子已經成長獨立的時候，長者的任務不是「照顧他們」，而是「傳授智慧」。

俗話說：「一名長者的死，相當於一間圖書館的消失。」一個人的生命智慧若是沒有傳承就消失了，對人類將是莫大的損失。

而「長者」在人類這個物種之中扮演了很重要的角色。

長者的長壽是為了往後的世代。

長者的存在是為了傳授智慧給下一個世代。

不過他們也不需要抓著年輕人說教，只要展現在漫長人生中學習到的「生活法則」，當年輕人的榜樣就好。

第 4 章

成長的計算方式

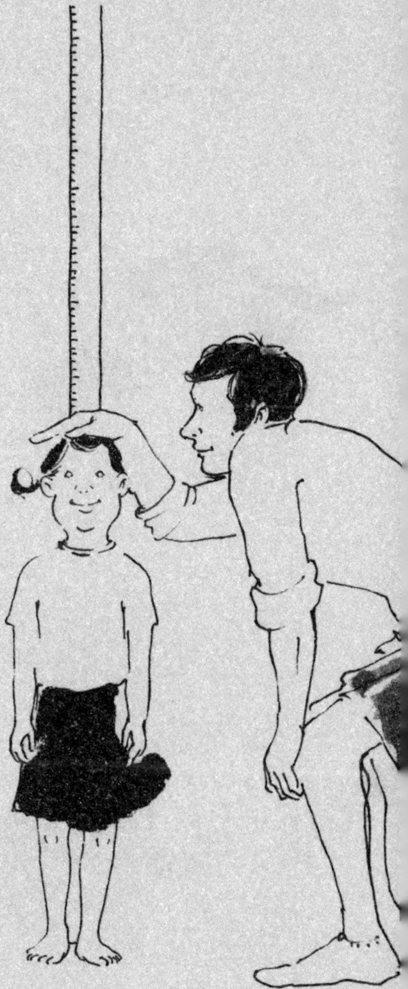

算算看這株植物成長了多少

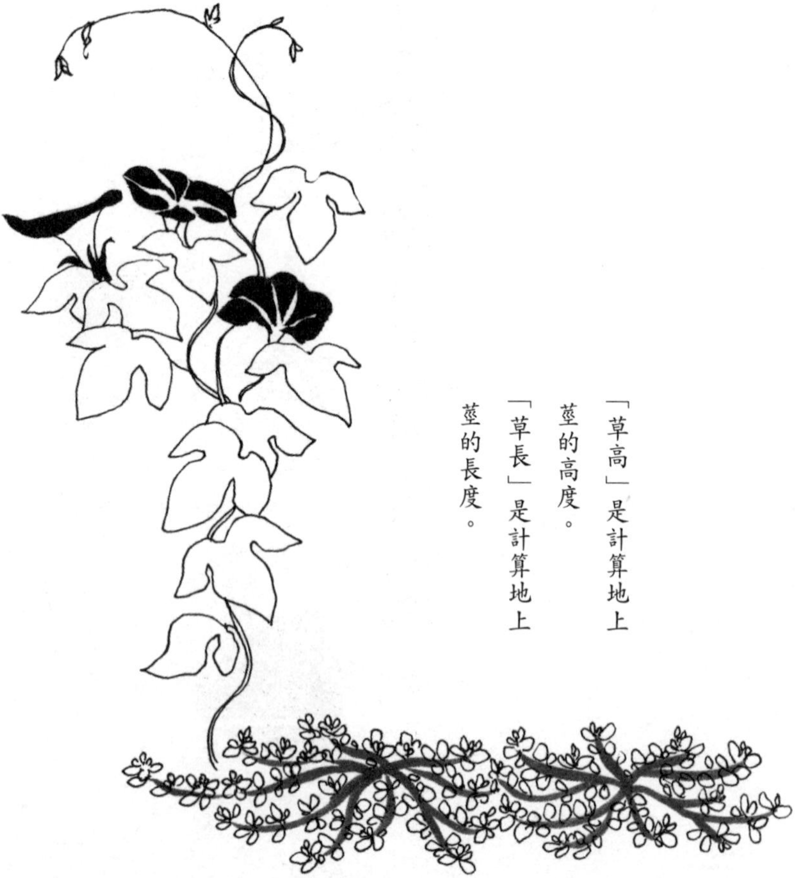

「草高」是計算地上莖的高度。
「草長」是計算地上莖的長度。

◆觀察牽牛花的成長

請各位讀者想像一下。

你種下牽牛花的種籽以後每天澆水。現在種籽終於發芽了，牽牛花以後會越長越繁盛。

既然你都用心栽種牽牛花了，當然也會想要用一些方式把它的成長過程記錄下來。

每天畫圖、拍照是一個方法。

還有其他方法嗎？

測量主莖的長度？這樣就知道它每天成長多少了。

或許另外有一個方法是數數看葉子有幾片。

把成長代換成「數字」，整理比較後方便我們的腦袋理解。

除此之外，將成長狀況製成圖表，可以透過視覺化的方式理解。看到直線上升的成長圖，我們的大腦會感到很安心。

從主莖長的數據圖表可以明確看出成長情況，好比說「快要超過一公尺」、

「成長速度變快了」等等。你也可以就此預測它未來的成長狀況，譬如「照這個情況長下去，總有一天會比屋頂還高」。你甚至可以進行成長管理，譬如多施肥會長更高、長得比隔壁的牽牛花更大。

熱愛數字的人腦總是想理解並管理植物的生長情況。

◆成長的方向

計算植物的成長狀況，通常是測量植物的地上莖高度。

專門用語叫做「主莖高」。

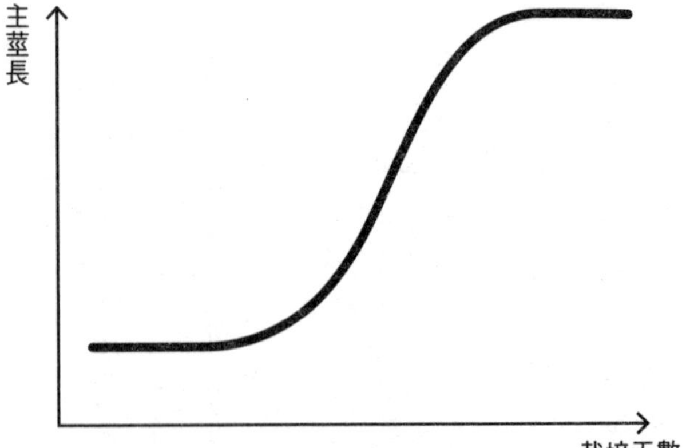

【植物的成長曲線】

不過主莖的高度有可能會越量越矮。明明是在成長中，為什麼高度會縮水呢？舉例來說，植物在強風的吹拂下長歪了，如果只是單純測量高度，儘管植物持續成長，主莖的高度卻會減少。

那麼要怎麼計算植物的成長情況？

相對於主莖高，「主莖長」指的是地上莖的整個長度。即便植物長得歪斜，主莖長也不會隨之變短。

◆高度與長度的差異

「主莖高」是算地上莖的「高度」。

「主莖長」是算地上莖的「長度」。

兩個詞非常相似，如果是直立生長的植物，主莖高就相當於主莖長。

可是一旦植物長歪了，主莖高就不會等於主莖長。

那麼匍匐生長的植物呢？

有幸運草之稱的「白三葉草」是匍匐生長在地上。

白三葉草的主莖很貼近地面，因此主莖高幾乎等於零，而且由於是匍匐生長，代表不管再怎麼長，主莖高都不會增加。

匍匐性植物要量的就不是主莖高，而是主莖長。

◆以高度看成長的偏誤

植物的生長類型很多元。

並不是所有植物都直立生長，有些是在地上匍匐生長，有些向著陽

匍匐型的白三葉草

光傾斜生長，有些則是以藤蔓的形式攀附其他物體生長。

森林或草叢裡的各種植物都是在彼此交互作用的關係中成長，沒有辦法獨立計算植物個體的生長情況。

因此我們習慣以「高度」衡量它們的成長情況，比如說，看到牽牛花藤蔓攀到屋頂上就覺得值得高興，但是搞不好攀在圍牆上的藤蔓更長。「雜草長這麼高，差不多該除一除了。」這麼說的時候，我們是以高度在衡量，但是地面上的雜草匍匐生長如草坪時，我們卻不甚在意。

以高度看待成長是最簡單的方式。

學校成績和經濟成長或許也都是以高度在衡量。這也難怪，因為人腦沒有辦法以複雜的方式計算成長的複雜性。人類就是想用好懂的方式來計算理解。

被踩踏的雜草
可以再挺直腰桿嗎？

如果有能量，
就應該把能量留給種籽。

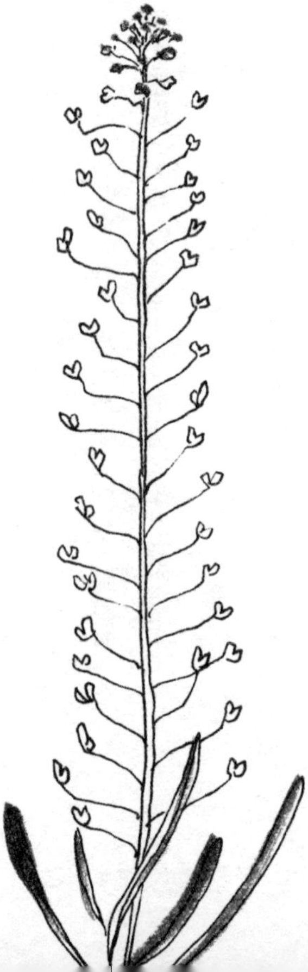

◆被踐踏的雜草不會重新站起來

據說不管怎麼踩踏雜草，雜草都能重新再站起來。我們常藉此鼓勵人們不屈不撓、努力不懈。

但事情真的是這樣嗎？

你們去看看步道或操場上被人踐踏過的雜草，它們全都躺平在地上，沒有誰想要站起來。

其實被踩踏後的雜草不會重新站起來的。

因為站起來了一樣會再被踐踏，所以它們不會站起來。有些雜草是被踐踏後不站起來，有些則是自知一定會被踐踏，所以一開始就選擇不向上生長。

「被踐踏了就不要重新站起來」是雜草的精神。

◆能量要用在對的事情上

雜草的精神就是：「被踐踏了就不要重新站起來」。

聽起來或許有點沒骨氣，可能也會讓人失望透頂。

但是真的需要這樣嗎？

說到底，為什麼被踩了一定要再站起來？

對於植物而言，重要的是什麼？

它們的重點應該是擺在開花結果、傳播種籽。

既然如此，每次被踐踏之後都要站起來，代表會消耗非常多無謂的能量。而既然都被踩了，能量更應該消耗在開花上才合理。如果有能量可以站起來，就應該把這樣的能量留給種籽。

因此被踐踏的雜草不會重新站起來。

那樣的想法只是人類的一廂情願。

有些向光植物是直立生長的，但是認為植物只能直立生長就是我們自以為是了。在會被踩踏的地方根本沒必要直立生長，既然往上長的雜草都會被踩踏，那麼只要周圍沒有直立生長的植物，就算平躺在地上依然可以得到足夠的日光。

每次被踐踏之後依然再站起來固然不是錯誤的選擇，但是如果因此不能開花，一切都是枉然。

能量應該要消耗在重要的事情上。

為值得的事情努力。

「不要迷失方向」，這才是真正的雜草精神。

「為什麼沒有人澆水的雜草
卻依然長得茂密？」

植物什麼時候長出根部？

◆看不見的成長

有時候植物看起來好像沒有在生長。

比方說，在常常被人們踩踏的地方，雜草不是直立往上而是匍匐生長。不過有時候植物不但沒有匍匐生長，大小甚至也沒有改變。

冬天的時候，植物就看似沒有在生長。樹木落葉，看起來都枯萎了；小草也在低溫中受凍，完全沒有長大的跡象。在被踩踏、受寒這些不適合成長的環境和時期，植物會選擇靜靜等待。

所以它們就不成長了嗎？這是放棄成長的意思嗎？

並非如此。

在我們肉眼看不到的地方，植物還是持續在成長，無法如願直立或匍匐生長，它們還可以向下長。

沒錯，就是生根。

生根是植物成長中最重要的過程。

根部可以支持植物的本體。沒有根，植物就無法吸收水分、養分這些成長所需的物質。

植物的根部都是在什麼時候生長的？

在好的狀況下，植物的根會一直成長，同時努力長莖和葉子。然而，在無法長莖生葉的時候，植物就會靜靜生根，而且是不斷往地下伸展。

◆沒有水的時候

江戶時代的農書中，出現過一段羨慕雜草的話：「我們小心翼翼灌溉的蔬菜遇到夏日的陽光就枯萎了，為什麼沒有人澆水的雜草卻依然長得茂密？」

為什麼沒有人澆水的雜草不會輸給烈日？因為它們發根的方式不同。

每天都有水灌溉的蔬菜不需要發太多根也能發育得很好，但是沒有人會幫雜草澆水，所以雜草就需要自己生根找水。而雜草的根部在它們面對日曬的時候，就會發揮了力量。

植物在環境艱辛的時候選擇靜靜生根，這些根就是植物的實力。

我們看不見長在地面下的根。

我們喜歡看到植物的主莖抽高或開花，對於發根卻無動於衷。

根部的成長就是這麼一回事。

◆人類的發育又是如何？

我們喜歡說「根源」、「根本」這些用詞。

這代表其實我們都知道根部有多重要。

人類的發育也不例外。身體的發育是有形的，心靈的成長卻是無形的。

小學畢業升上國中後換了一件制服，這種成長是看得到的。

然而，昨天和今天的自己即便有巨大的心靈變化，這種成長卻是肉眼看不見的，說不定連自己都渾然不覺。

成長的形態很多元，向上長和往下長都是成長，有形無形的也都是成長。肉眼看不見某些重要的成長。但是即便它是無形的，即便它不是向上發展，我們也不能加以放棄。

養花花草草時為什麼要遏止它們生長？

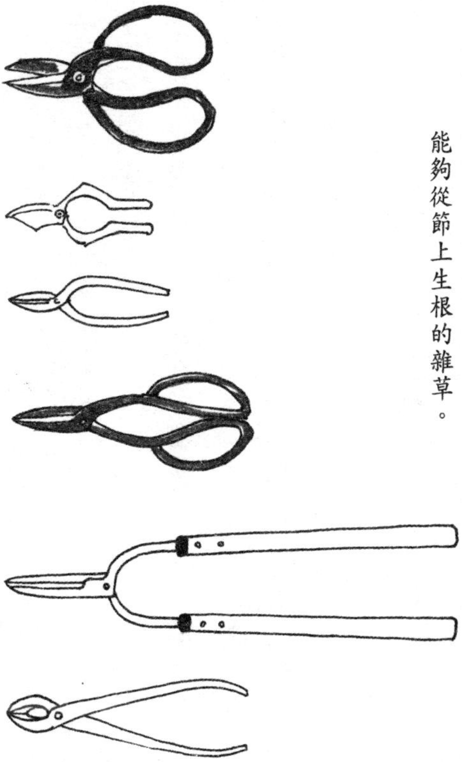

在田埂中可以看到許多能夠從節上生根的雜草。

◆應聲折斷的時候

有些植物的莖是直立生長。

不過有時候種菜養花時，需要故意把長高的莖給折斷。

為什麼要摧折好不容易長起來的莖？

折斷莖的頂端這個動作被稱為「摘心」，折斷之後主莖會停止生長，但是被折斷的下方莖就能冒出側芽，長出新的枝葉。

摘心這個步驟能讓植物長得更茂密，開出更多花、結出更多果實，因此要刻意把莖給折斷。

成長過程一帆風順並不是最好的，遭受挫折對於成長而言絕非壞事。

看到好不容易長出來的莖被折斷確實令人傷心，然而這是讓新芽冒出來的機會。看看植物就知道，想要長出新芽，就要折斷舊的過去。

◆有「節點」的成長

不論莖部被折斷多少次，植物總是能夠冒出新芽、長出茂密的枝葉。它們的強悍生命力是不是有什麼祕密？

植物身上有一個叫「節點」的部位，莖長大了就會有節點，從節點長出葉子與側芽；接著莖會繼續生長，繼續長出節點。植物的成長就是不斷重複這個過程。

若是植物的莖斷了無法繼續成長，這個「節點」就是新的生長起點，可以從節點再冒出新芽。

還有些植物的根是從節點發出來的。

比方說，匍匐生長的雜草就是如此，從節點長出來的根伏臥在大地上，然後繼續長出莖來。接著再以節點為起點，不斷長出新的莖。

在田埂中可以看到許多能夠從節點上生根的雜草。田埂的土被翻過也除過草之後，雜草的莖都斷了，但是它們依然可以從一個個節點再發根重生。

對於可以從節點重生的雜草而言，翻土或除草根本不算什麼。莖部越是斷裂，雜草越能夠重生、繁衍下去。

若是以成長速度的觀點來看，長節點在植物的成長過程中可能代表暫時休息的意思。儘管如此，植物還是會選擇形成節點後重新生長。

在植物的世界裡，早一步長大代表可以優先接收到陽光，因此成長速度對植物來說很重要。要是不形成節點，一路向上不斷攀高，應該就能早一步長大。但是植物選擇長出節點，因為它們知道當成長停滯的時候，節點就能夠發揮力量。

我們也會說「人生的節點」，或是「季節的節點」。

對於生活在講求效率的社會的現代人，節點也許是一種浪費，或者像是暫停休息。

然而，看看植物的世界就可以理解，留下明確的節點能夠讓成長更加安泰。

千年神木的成長史

樹幹中
只有最外側的細胞
是活細胞。

◆生物的成長

生物成長的過程並非直線前進。

一般認為，生物的成長是呈現S曲線，一開始成長速度比較緩慢，到了某個時期之後快速長大，等到長得夠大之後又會減緩速度，最後停止成長。

這就是生物的成長模式。

所有生物都有「成長期」，這段期間的成長會特別顯著。

人類小孩在孩童時期不會長得太高，到了小學階段身高開始往上攀，國中到高中期間則會猛地抽高，接著成長速度緩下來，最後停止成長。長大成人之後，我們的身高就不會再增加了。

成長期不單是指身體上的成長。有些我們不斷練習的事物，某一天突然就開竅了；有時候一直努力的事忽然就看到了成果，而且越來越得心應手。

對於生物來說，「成長」就是這麼一回事。

◆成長有結束的一天

成長過程呈現的是S曲線，原本一路上升的成長期，最終會趨緩並且停滯，代表成長有結束的一天。

或許有人認為成長一定會持續下去，不可能停止。

可惜的是，任何成長都有結束的一天。

如果看起來一直在成長，那可能只是成長期很長，或者是成長趨緩後時間拉得比較漫長而已。

無論如何，S曲線終究有盡頭，沒有辦法無止盡成長。

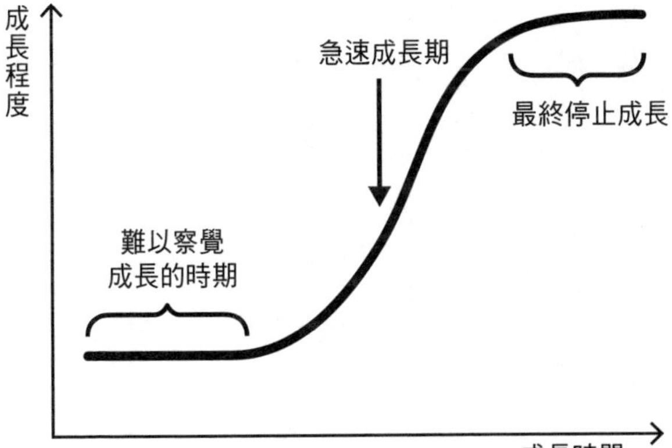

【生物的成長曲線】

然而，我們知道有些樹活了上千年。

千年神木是非常巨大的，為什麼它們能夠成長千年不墜？它們的成長也會停止嗎？

遺憾的是，千年神木的成長也是呈現S曲線。

樹幹是由活細胞與死細胞所組成的。

樹木長大的過程會在樹幹上形成年輪，而樹幹中只有最外側的細胞是活細胞，內側細胞其實全都死細胞。

大樹的樹幹有時候是空心的，中間挖空這麼大樹卻沒有枯死，那是因為樹幹中大部分都是死細胞。樹木的細胞成長完就會死去，新製造的細胞則會繼續成長，讓樹木不斷往外擴張。

樹木的細胞成長終有結束的一天。不過新細胞還是會不斷長出來，於是樹木就一直重複成長與死亡的S曲線，不斷長高長大。

生物的成長呈現S曲線。

持續成長的方法，就是不斷重複這個S曲線，重複成長的過程。

結穗的稻子就
不再生長了嗎？

有些成長是
「質的改變」。

◆衡量成長的標準

假設有兩棵同種的植物，一棵是A、一棵是B，我們怎麼知道哪一棵長得比較快？

A植物比較高，因此乍看之下是A長得比較快；但是A還沒有開花，而B雖然長不高，已經開了很多花。

請問A和B哪一棵植物長得比較快？

依主莖長來判斷，A長得快；B的主莖並沒有成長得很多。以主莖長當作標準的時候，就可以衡量成長幅度。但是A沒有開花，只長出葉子。而B確實已經開花了，植物的成長是從種籽發芽、長莖開花，然後結果生籽。以植物成長過程而言，B明顯比較成熟。所以成長不只是「數字增加」而已。有些成長是「質的改變」。對於生物來說，質的改變通常重要得多。

只不過可以量化、以數字表現的「主莖長」，對我們來說更容易理解，因此我們還是會想要測量主莖的長度，並且施很多肥讓主莖長大。

施肥雖然能增加主莖的成長，但是植物就不開花了。它們只會一個勁地長高、長葉子，忘記要開花。

最後連花都沒開就凋零了。

這樣能稱為「成長」嗎？

◆稻子的成長是質的改變

我們來看看稻子的成長史。

在田裡生長的稻子所結出來的稻米是我們的主食。在田間種下稻苗後，稻苗會長出很多稻莖，這叫做「分櫱」。接著稻莖不斷快速長出分枝，然後漸漸放慢速度，到最後不會再分櫱。

不僅如此，如果分櫱數太多，稻子的莖稈就會逐漸枯萎，使得稻株數量減少。那麼稻子就此停止成長了嗎？稻子不會繼續長了嗎？

並不是如此。

分櫱數停止增加之後，稻子就要開始進行下一個階段的成長。

在分櫱數增加的期間，稻子雖然會長葉，但是莖稈不會抽高。分櫱數停止增加之後，莖稈也會開始長高了，這叫做「節間伸長」。嚴格來說，分櫱是讓植株變大的橫向生長，而節間伸長則是縱向的生長。在節間伸長的時期稻莖不斷抽高，而最終稻莖的伸長速度還是會趨緩。

稻子到這裡終於停止成長了嗎？

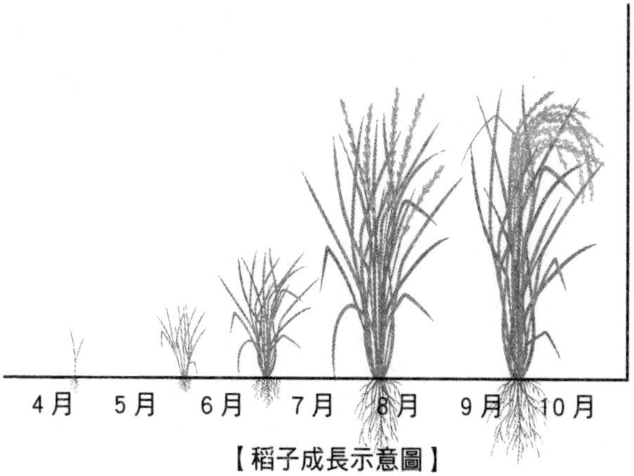

【稻子成長示意圖】

還沒有。

長完稻莖之後，稻莖前端會抽穗，然後開花結出稻米。

稻子的成長過程分成幾個不同的階段。

首先是分櫱的橫向生長，接著是節間伸長的縱向生長；稻莖生長的時候不會再分櫱，進入了不同的成長階段。到了最後才抽穗開花、結出稻米。

經過這些階段，稻子已經不會再增加分櫱數，稻莖也不會長高。不管是計算分櫱數或測量稻莖長，數字都不會增加。

你是不是認為稻子抽穗後就不會再成長了？還是認為儘管如此，稻子依然在成長呢？

長得比平常高的稻子
其實是在痛苦中掙扎。

成長是怎麼一回事？

這是很久很久以前的一個故事。

有一年，稻子的生長情況看起來特別好，稻株長得比往年都來得高。

村民滿心歡喜認為一定會豐收，甚至還寫了歌慶祝。

結果到了秋天發生什麼事？不知道為什麼稻子幾乎都沒有結出稻米，別說是豐收了，甚至是歉收的一年。

為什麼會變成這樣呢？

其實這一年的日照少又連日低溫，這是冷害的徵兆。稻苗要不斷往上長才能得到日光，長得比平常高的稻子其實是在痛苦中掙扎。

稻子的辛苦是無形的，而我們只看得見稻株長得多高，村民也只看到表面上的成長，就樂得以為稻子長得比往常好。

重要的是什麼？

重點不是稻株多高，因為不管長再高，結不出稻米也沒用。真正的成長是無形的，但是村民只看到了有形的成長。

但我們有資格嘲笑這些村民嗎？

◆成長或成熟

稻子抽穗後就會長出稻米。

稻莖與稻葉漸漸變黃枯萎，稻株不會再長大，而是逐漸凋零。

有沒有辦法讓稻子長得更大呢？要是再施更多肥，稻子會繼續長葉與稻莖。可是施肥過多的田裡，到了秋天稻子依然綠油油的，稻株不會枯萎，葉子也很茂密。這樣真的好嗎？

不管葉子再茂密，綠意再濃厚，這樣結束真的好嗎？這對稻子來說是幸福的模樣嗎？

有一個詞叫做「成熟」。

開始枯萎的稻株不會再長葉子，但是它會長出稻米、垂下稻穗，這不就是稻子「成長」的模樣嗎？

另一方面，有一個詞叫做「不成熟」。

枝繁葉茂、持續長高的稻子無論長再大都是「不成熟」的，因為它沒有真的在「成長」。

成長不只是體型的改變。成長有不同階段，植物必須從一個階段進入下一個階段。稻子停止分櫱、稻莖不再變長，接著枯萎，這就叫做成熟。

稻子最後會進入抽穗開花的成熟階段，因此秋天的金黃色稻田才會如此耀眼美麗。

並非只有稻子與人類的成長是如此。

我們的經濟和社會也會成長。

我們拚命以數字記錄成長的過程，看到數字上升就歡心鼓舞，並且希望成長永遠不停歇，也掙扎著要讓成長繼續下去。

可是這樣真的好嗎？觀察生物的世界時，會發現生物的成長是以成熟為目標，而真正美麗的，也是成熟的姿態。

第5章

成長的力量從何而來？

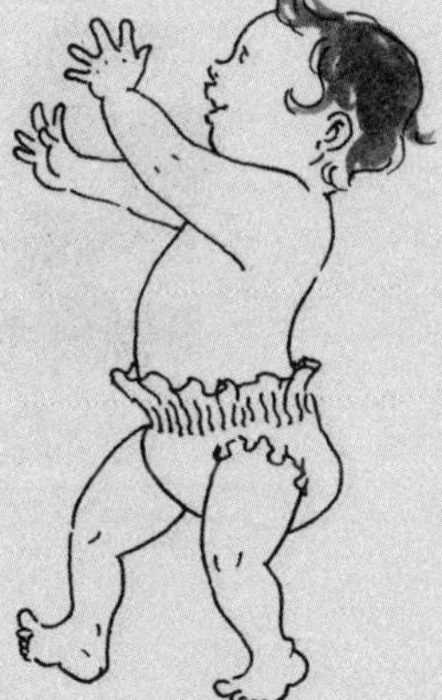

人類真的一定要成長嗎？

大腦有一個缺點，
就是常常做出錯誤的判斷。

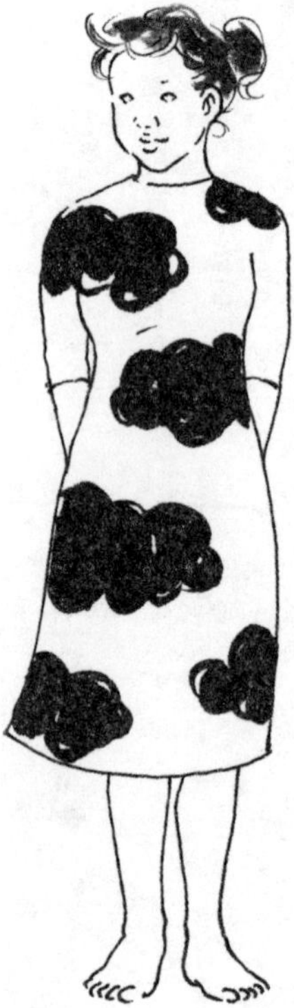

經過播種、澆水之後，可以看到植物發出芽來。

灌溉嫩芽，植物就會開始長大。

「水」有什麼讓植物成長的祕密嗎？

植物的成長需要水分，不過成長的力量並不是來自水。植物本身就擁有成長的力量，它是靠著自己的努力長起來的。

儘管植物並沒有「努力發芽」或「努力成長」的念頭，但它們還是會長大。

「成長」就是這麼一回事。

生物本來就具備「成長的力量」。

◆自由生長

你是不是在想，「植物不是沒有思考要不要努力的大腦嗎？」

既然如此，智能發達的人類又是什麼情況呢？

我們的新生兒一開始只會睡覺，等脖子有力之後開始會翻身，儘管沒有人要他們翻身，他們還是會想要翻身。

大人看到拚命翻身的嬰兒都會想要替他們喊幾聲「加油」，不過他們並沒有在努力什麼，純粹只是因為想翻身所以翻身，根本沒有不翻身的選項。

接著嬰兒開始會爬行，就算沒有人命令，他們依然會想要爬。

等他們學會爬行後，又開始挑戰抓著東西站立起來。

學會站立之後則是學步。到了這個階段，他們依然沒有在努力什麼，也沒有下定決心要學會走路，就只是想走路而已。最後他們也學會了。

時機到了就會想要嘗試，時機到了就能學會，這就是「成長」。

成長不需要努力。

◆大人也想要成長

成長不需要努力，我們自然而然就會成長，生物具有「成長的力量」。

小孩的身體抽高、乳牙換成恆牙、變成大人的身體構造，這些都是有形的成長。

轉變為成體之後，身體不會再抽高，也不會再換牙。

然而不是只有長高變壯才算是成長。

稻子的成長過程是先進行分蘖，之後稻莖才開始抽高，稻莖長高後抽穗結出稻米。即便成長的形態和形式不同，稻子在結出稻米之前一直都在成長。

人類的大人也一樣。

我們長大之後還是會因為自己力有未逮的事情而感到懊悔，覺得自己不如人的時候也會很傷心，偶爾還會不喜歡自己。然而這些都是你想成長的證據，這代表長大之後我們依然擁有「成長的力量」。

不過人類是大腦發達的生物，我們習慣什麼都丟給大腦去思考，而大腦有一個缺點，就是常常做出錯誤的判斷。成人尤其有過度仰賴大腦的傾向。

稻子在分蘖的時候稻莖不會抽高，不管再怎麼努力，它不抽高就是不抽高，可是一旦對的時機來臨，它就會抽高了。成長就是這麼一回事。

我們不妨凝視自己的「成長力量」、傾聽自己「想成長」的心聲——假如你有發自內心的「好奇心」、「挑戰心」與「上進心」，這些就是現在的成長階段可以發揮的力量。

古人並不「栽種」稻子？

有句俗語說：

「瓜蔓長不出茄子。」

◆成長的形態是固定的

生物都擁有成長的力量。

而且成長的形態是預先設定好的。

有句俗語說：「瓜蔓長不出茄子。」

在以前的年代，茄子是高級的蔬菜，甜瓜則屬廉價的蔬菜。瓜類的藤蔓上長不出茄子的果實，意思就是平庸的父母生不出優秀的小孩，也就是「老鼠生的孩子會打洞」的概念。

說「天生」好像太殘酷了，可惜這就是事實，不管再怎麼奮力掙扎，瓜蔓都結不出茄子的果實。

可是這又有什麼問題嗎？

甜瓜只要伸出藤蔓、長得像自己就好，就算以栽種茄子幼苗的方式培養瓜苗，最後也結不出漂亮的瓜果。甜瓜只要以甜瓜的方式長大，長成自己就可以了。

說到底，是誰說甜瓜比較次等、茄子比較高等？

栽種技術進步之後，茄子現在已經賣得很便宜了。而甜瓜呢？甜瓜的學名與麝香哈密瓜相同，兩者有親緣關係。甜瓜在現代反而是更高級的蔬果，由此可知價值是浮動的。

茄子就該以茄子的方式栽培，甜瓜就該以甜瓜的方式種植，重點在於辨識那個幼苗是什麼植物的幼苗。

◆醜小鴨

《安徒生童話》中有一則〈醜小鴨〉的故事。

孵蛋的鴨媽媽孵出了一隻隻小鴨子，黃色小鴨的外型相當可愛。但是兄弟姊妹中有一隻體型比較大的灰色雛鳥，這隻外表跟大家格格不入的醜小鴨常常被大夥兒欺負。

不管醜小鴨去到哪裡都被看不起，牠沮喪地度過了一個冬天。想不到灰色雛鳥長大之後，竟然變成了美麗的天鵝。

羨煞所有人的美麗天鵝如果被當成鴨子飼養，心情肯定也是痛苦難耐。天鵝就要以天鵝的方式成長，才能發揮自己的力量。

生物擁有成長的力量，而且成長的形態一開始就是固定的。若有人責備在地上奔跑的鴕鳥不會飛翔，鴕鳥就會變得一無是處；能夠在水中游泳的企鵝若羨慕飛翔天際的小鳥，一定也會感到傷心難過。

成長有其形態，小天鵝必須先知道自己是隻天鵝。摸索成長的形態是很重要的。

◆稻子不是用種的

栽種稻子的行為叫做「種稻」。

然而，擔任過「農業與自然研究所」負責人的宇根豐指出：「古人不說『種稻』。」他們會說「收割稻米」。稻子不是人種出來的，而是自己長大的。

稻子本身就擁有成長的力量，它們向下發根扎根、展開稻葉沐浴在陽光下，然後抽穗、結出稻米。

涵養稻子的不是人類，而是陽光、水、土地的力量。以前的人認為稻米是大自然的恩澤，因此不講「種稻」，而是講「收割」。但是在肥料與農藥技術發達之後，人類可以控管稻子的成長，開始用「種稻」這個詞。

話雖如此，稻子的成長過程從以前到現在變化不大。不管人類覺得自己掌控了多少，我們能做的都有限，成長的終究是稻子自己。

◆古人養什麼？

從現代的觀點來看，以前沒有「種稻」這個詞是滿神奇的。

其實以前的人並非沒有這個概念，不過他們講的是「養田」。

堅硬的土壤沒經過耕耘，無法讓稻子發根；田埂沒有引水灌溉，稻子也長不起來；倘若沒有除草，更會妨礙到稻子的生長。

不過成長的還是稻子本身，涵養稻子的是太陽、水和土壤。古時人們提供一些幫助，讓稻子長得更健康，他們認為「人類能做的只有提供適合的環境」，或許他們都知道養育的本質是什麼。

相比之下，「種稻」這個詞實在太自以為是了。

對了，有一個詞叫做「育兒」，不過小孩也是我們養不出來的，成長的是小孩自己。大人能做的，就只有提供適合他們生長的環境。

心得筆記

心得筆記

心得筆記

心得筆記

國家圖書館出版品預行編目資料

生物轉大人的種種不可思議：
每一種生命的成長都有理由，都值得我們學習
稻垣榮洋 著　陳幼雯 譯
初版. -- 臺北市：商周出版：家庭傳媒城邦分公司發行
2023.08　面；　公分
譯自：生き物が大人になるまで──「成長」をめぐる生物学

ISBN 978-626-318-770-2（平裝）

1.CST：人體生理學 2.CST：發育生理學 3.CST：通俗作品

397　　　112010135

生物轉大人的種種不可思議

原著書名／生き物が大人になるまで──「成長」をめぐる生物学
作　　者／稻垣榮洋
譯　　者／陳幼雯
責任編輯／陳玳妮
版　　權／林易萱

行銷業務／周丹蘋、賴正祐
總 編 輯／楊如玉
總 經 理／彭之琬
事業群總經理／黃淑貞
發 行 人／何飛鵬
法律顧問／元禾法律事務所 王子文律師
出　　版／商周出版
城邦文化事業股份有限公司
台北市中山區民生東路二段 141 號 4 樓
電話：(02) 25007008　傳真：(02)25007759
E-mail：bwp.service@cite.com.tw
發　　行／英屬蓋曼群島商家庭傳媒股份有限公司城邦分公司
台北市中山區民生東路二段 141 號 2 樓
書虫客服服務專線：(02)25007718；(02)25007719
服務時間：週一至週五上午 09:30-12:00；下午 13:30-17:00
24 小時傳真專線：(02)25001990；(02)25001991
劃撥帳號：19863813；戶名：書虫股份有限公司
讀者服務信箱：service@readingclub.com.tw
歡迎光臨城邦讀書花園　網址：www.cite.com.tw
香港發行所／城邦（香港）出版集團有限公司
香港灣仔駱克道 193 號東超商業中心 1 樓
E-mail：hkcite@biznetvigator.com
電話：(852) 25086231　傳真：(852) 25789337
馬新發行所／城邦（馬新）出版集團【Cite (M) Sdn. Bhd.】
41, Jalan Radin Anum, Bandar Baru Sri Petaling,
57000 Kuala Lumpur, Malaysia.
Tel: (603) 90563833 Fax: (603) 90576622
Email: cite@cite.com.my

封面設計／李東記
封面與內文插畫／Miki Fujimatsu
排　　版／芯澤有限公司
印　　刷／卡樂彩色製版印刷有限公司
經 銷 商／聯合發行股份有限公司
電話：(02)2917-8022　傳真：(02)2911-0053

■ 2023 年 08 月 01 日初版　　Printed in Taiwan

定價 399 元

IKIMONO GA OTONA NI NARU MADE
by Hidehiro Inagaki

城邦讀書花園
www.cite.com.tw

ISBN 978-626-318-770-2

書號：BK5208　書名：生物轉大人的種種不可思議　編碼：

請於此處用膠水黏貼

商周出版

讀者回函卡

線上版讀者回函卡

感謝您購買我們出版的書籍！請費心填寫此回函卡，我們將不定期寄上城邦集團最新的出版訊息。

姓名：________________ 性別：□男 □女

生日：西元________年________月________日

地址：________________

聯絡電話：________________ 傳真：________________

E-mail ：

學歷：□ 1. 小學 □ 2. 國中 □ 3. 高中 □ 4. 大學 □ 5. 研究所以上

職業：□ 1. 學生 □ 2. 軍公教 □ 3. 服務 □ 4. 金融 □ 5. 製造 □ 6. 資訊

□ 7. 傳播 □ 8. 自由業 □ 9. 農漁牧 □ 10. 家管 □ 11. 退休

□ 12. 其他________________

您從何種方式得知本書消息？

□ 1. 書店 □ 2. 網路 □ 3. 報紙 □ 4. 雜誌 □ 5. 廣播 □ 6. 電視

□ 7. 親友推薦 □ 8. 其他________________

您通常以何種方式購書？

□ 1. 書店 □ 2. 網路 □ 3. 傳真訂購 □ 4. 郵局劃撥 □ 5. 其他______

您喜歡閱讀那些類別的書籍？

□ 1. 財經商業 □ 2. 自然科學 □ 3. 歷史 □ 4. 法律 □ 5. 文學

□ 6. 休閒旅遊 □ 7. 小說 □ 8. 人物傳記 □ 9. 生活、勵志 □ 10. 其他

對我們的建議：________________

____

____

請於此處用膠水黏貼